政府文職

投考全攻略

ivilian Grades Recruitment Guide

全港最全面投考政府文職筍工指南

助理文書主任・文書助理・紀律部隊文職

Mark Sir 著

U0130477

序

政府文書職系是一個很靈活的工種，主要職責是一般辦公室支援服務、人事、財務、會計、顧客服務、統計服務及資訊科技等，與私人企業一樣，若有需要時公務員會被調派到政府任何一個辦事處或要輪班工作。因此，文書職系可說是穩定又具一定挑戰性質的工作。其中助理文書主任（ACO）及文書助理（CA）投考人數眾多，可謂僧多粥少。

本書亦有部分紀律部隊文職的資訊。紀律部隊的部門中有文員等行政人員及心理輔導師等專業人士，他們不屬於「紀律部隊」，當中有不少工作職位，其實可由一般文書職系人員出任。

一般職系是香港公務員的一種編制形式，一般職系人員直接隸屬公務員事務局，被委派到政府各部門工作，其中文書及秘書職系就是處理政府各部門文書工作的一般職系人員。

文書及秘書職系共有八個小職系：文書主任、文書助理、辦公室助理員、私人秘書、打字督導、機密檔案室助理、打字員及電話接線生。

此外，警務處也會依據需要，聘請一些特殊崗位的文職人員，例如警察通訊員、交通督導員、警員（專門人員）、警察翻譯主任、警隊臨床心理學家、警察助理福利主任、裁縫、高級技術主任(多媒體)、警察助理電訊督察等。

本書精選了許多既實用又有啟發性的資訊，技巧和注意事項，一定有助大家脫穎而出，成功投考政府文職工作。

PART 3 紀律部隊文職

PART 4 政府文識面試攻略

PART 5 公務員之福利

PART 6 考政府工必讀資料

Chapter 01
公務員架構大檢閱

公務員事務局簡介

政府的主要施政和行政工作，由政府總部內「12個決策局」及「56個部門」和機構執行。在各決策局、部門和機構工作的大部分人員均為公務員。

公務員事務局的首長是「公務員事務局局長(鄧國威先生)」。公務員事務局局長是政治委任制度主要官員之一，亦是行政會議的成員，他掌管公務員事務局，就公務員政策、公務員隊伍的整體管理和發展向行政長官負責，其主要職責是確保公務員隊伍廉潔高效，為人信賴，竭誠為市民提供具成本效益的服務，以社會利益為依歸。

公務員事務局是政府總部屬下12個決策局之一，公務員事務局負責制定和執行公務員隊伍的管理政策，包括公務員的聘任、薪俸及服務條件、人事管理、人力策劃、統籌、培訓和紀律以及政府內部法定語文政策。

公務員事務局局長的編制下有：

- 公務員事務局常任秘書長、三名副秘書長、一名一般職

  系處長，以及

- 多名首席助理秘書長。

而現今香港公務員所提供的服務範圍十分廣泛，由

- 公共工程和設施、

- 清潔和公眾衛生，以至

- 教育、

- 消防、

- 警務等。

這些服務在很多國家都是由不同的公營機構分別負責，

可見香港公務員所肩負的任務種類繁多。

公務員事務局的組織圖

（截至2018年7月26日）

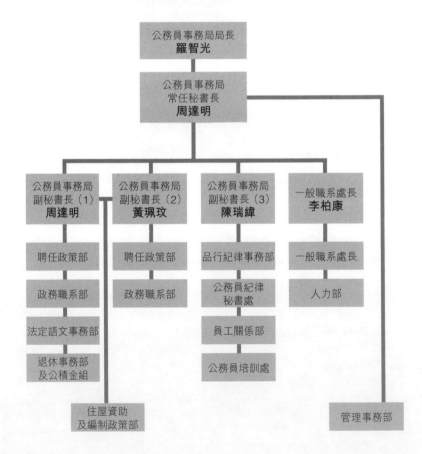

公務員事務局的理想、使命及信念

理想

提升公務員的幹勁、抱負及知識水平，以確保香港擁有一支廉潔奉公、為人信賴、受人尊敬、富責任感的公務員隊伍，為市民提供優質服務。

使命

提拔優秀公務員，為他們提供培訓和發展機會。

- 透過向市民提供優質服務，並與他們保持良好溝通，增強市民對政府的好感和信任。

- 通過教育和執行規則，使公務員進一步達到誠信不阿的最高標準。

- 營造一個有利的工作環境，讓公務員有足夠權責行事並發揮所長。

- 實施最高成效的人力資源管理措施，從而培育有

效率及富責任感的員工。

- 促進一個以表現為推動力的工作文化，獎勵積極進取及力求上進的員工。

- 培育深厚的服務文化，讓員工對自己的工作產生歸屬感和自豪感。

- 推行有效的培訓措施、推動學習風氣，讓員工取得技能、提高工作能力。

信念

化繁為簡- 取消不重要或不必要的工作、規則/工序、審核/批核程序。盡量把權力下放。謀事以智，而非以勤。

態度進取- 到不明朗情況或困境時，保持堅毅不屈的精神，主動解決問題。面對批評，絕不介懷。

大公無私- 時刻勉勵並支持下屬，對有功者不忘稱讚。只
要符合規則，對全體人員一視同仁。

齊心協力- 與內部伙伴共用資訊、資源及人才，致力實現
共同目標。

不斷學習- 孜孜不倦，學習新知識；吸取經驗，以求改
善。

公務員事務局的權力來源

公務員事務局負責公務員隊伍的整體管理和發展，下列

三份重要文件，列出管理公務員權力的來源以及執行管

理工作的架構：

《公務人員（管理）命令》

《公務人員（紀律）規例》

《公務員事務規例》

而「紀律部隊人員」的品行和紀律，亦同時受到有關「

紀律部隊」法例的規管。

1. 《公務人員（管理）命令》：

《公務人員（管理）命令》是行政長官參照行政會議的意見，於1997年7月根據《基本法》第四章：政治體制第48(4)條而制定的(註1)。

《公務人員（管理）命令》列明行政長官有權根據此命令聘任、解僱和紀律處分公務人員、處理公務人員的申訴、制定紀律規例，以及把某些權力和職務轉授他人。

而這些規定，大部分都是改編自1997年7月1日之前在本港施行的《英皇制誥》和《殖民地規例》中相應的條文。

制定《公務人員（管理）命令》使管理公務員方面的基本架構得以延續。

2. 《公務人員（紀律）規例》：

《公務人員（紀律）規例》是根據《公務人員（管理）命令》而制定的，並且規管紀律處分的事宜以及解僱公務員的程序。除了部分須受各有關條例管限其紀律的公務人員（主要是紀律部隊員佐級人員）外，該規例適用於其餘大部分公務人員。

3.《公務員事務規例》：

《公務員事務規例》是行政長官制定或授權制定的行政規例。

這套規例詳列了公務員事務局局長以及各部門或職系首長執行對公務員隊伍的日常管理工作的權力、公務人員的聘用條款和服務條件，以及在紀律和工作表現方面應該符合的標準，是管職雙方在公務員的日常管理上主要的參考依據。

公務員事務局會發出各種通告及通函，以對各條規例作出補充和闡釋。公務員事務局局長獲得授權，可以修訂、補充、施行、解釋和批准豁免遵行《公務員事務規例》。

(註1)：

《基本法》第四章： 政治體制第48條

香港特別行政區行政長官行使下列職權：

(1)：領導香港特別行政區政府；

(2)：負責執行本法和依照本法適用於香港特別行政區的其他法律；

(3)：簽署立法會通過的法案，公佈法律；

　　簽署立法會通過的財政預算案，將財政預算、決算報中央人民政府備案；

(4)：決定政府政策和發佈行政命令；

(5)：　提名並報請中央人民政府任命下列主要官員：各司司長、副司長，各局局長，廉政專員，審計署署長，警務處處長，入境事務處處長，海關關長；建議中央人民政府免除上述官員職務；

(6)：依照法定程序任免各級法院法官；

(7)：依照法定程序任免公職人員；

(8)：執行中央人民政府就本法規定的有關事務發出的指令；

(9)：代表香港特別行政區政府處理中央授權的對外事務和其他事務；

(10)：批准向立法會提出有關財政收入或支出的動議；

(11)：根據安全和重大公共利益的考慮，決定政府官員或其他負責政府公務的人員是否向立法會或其屬下的委員會作證和提供證據；

(12)：赦免或減輕刑事罪犯的刑罰；

(13)：處理請願、申訴事項。

Chapter **02**
助理文書主任與文書助理

香港政府的文書及秘書職系負責提供多個範疇的一般支援及前線服務。

文書及秘書職系人員的總數大約為2萬多，而為了符合成本效益，以及向決策局及部門提供具成效和高效率的支援服務，「文書及秘書職系」人員均由『一般職系處』中央管理，並會調派往各決策局及部門工作。

多年來，職系管方已經透過加強電腦技能培訓和設施，已把「文書及秘書職系」發展為一支多技能的支援隊伍，以配合現今的服務需求。

文書及秘書職系 - 職系和架構
(Grade and Structure)

政府目前有8個「文書及秘書職系」，並且分為16個職級，詳情如下表所述：

「文書及秘書職系」以及『職級』(Clerical and Secretarial Grades and Ranks):

職系(Grade)	職級 (Rank)
文書主任 (Clerical Officer – CO)	高級文書主任(Senior Clerical Officer – SCO)
	文書主任 (Clerical Officer – CO)
	助理文書主任 (Assistant Clerical Officer – ACO)
文書助理 (Clerical Assistant–CA)	文書助理 (Clerical Assistant–CA)
辦公室助理員 (Office Assistant)	辦公室助理員(Office Assistant)
私人秘書 (Personal Secretary)	高級私人助理 (Senior Personal Assistant)
	私人助理 (Personal Assistant)
	高級私人秘書 (Senior Personal Secretary)
	一級私人秘書 (Personal Secretary I)
	二級私人秘書 (Personal Secretary II)
打字督導 (Supervisor of Typing Services)	打字督導(Supervisor of Typing Services)
機密檔案室助理 (Confidential Assistant)	機密檔案高級助理 (Senior Confidential Assistant)
	機密檔案室助理(Confidential Assistant)
打字員 (Typist)	高級打字員 (Senior Typist)
	打字員(Typist)
電話接線生 (Telephone Operator)	電話接線生 (Telephone Operator)

職系編制

截至2018年3月31日，文書及秘書職系的編制如下：

文書及秘書職系的編制

職系	職級	編制數目
文書主任	高級文書主任	613
	文書主任	2 876
	助理文書主任	11 043
	職系總計	14 532
文書助理	文書助理	9 306
辦公室助理員	辦公室助理員	774
私人秘書	高級私人助理	6
	私人助理	34
	高級私人秘書	107
	一級私人秘書	696
	二級私人秘書	949
	職系總計	1 792
打字督導	打字督導	11
機密檔案室助理	機密檔案室高級助理	18
	機密檔案室助理	300
	職系總計	318
打字員	高級打字員	38
	打字員	349
	職系總計	387
電話接線生	電話接線生	16
	總計	27 136

認識助理文書主任 (ACO)

【職責】

助理文書主任(ACO)主要執行與下列一項或多項職能範圍有關的一般文書職責，其中可能涉及多類範疇的職務：

(a) 一般辦公室支援服務

* 檔案管理

* 收發及傳遞服務

* 部門設施，辦公地方及樓宇管理

* 物料供應

(b) 人事

* 人事聘任及人手編制

* 假期及旅費

* 薪金和津貼/福利

* 員工培訓、評核和紀律

(c) 財務及會計

* 開支、收入及基金管理

* 成本計算及核數

(d) 顧問服務

* 接辦市民意見及投訴

* 售賣門票或預訂場地

* 回覆電話或訪客查詢

* 安排宣誓及預約法律指導服務

* 展示或派發資料、宣傳物品

* 出售物品

(e) 發牌及註冊

* 回答查詢及協助市民填寫申請表

* 核對文件，並面見申請人

* 處理申請、發出繳費單

* 擬備證書／牌照

* 就違反持牌條件發出警告信

* 編制周期報告和統計報表

(f) 法津和司法

* 更新《香港法例》；擬備判例和引例目錄供律師查看；

* 協助各級法院備審案件流動審訊表；

* 協助解答查詢，及協助有關職位工作，跟進法庭判決及指令；

* 擬備各類法律文件及數據；

* 就向政府索償而達成和解的案件擬備有關取消索償書

  工作的文件；

* 各級法庭開庭前的準備工作等。

(g) 統計職務

* 收集及整理所發出的問卷；

* 整理及修正資料；

* 向未交還問卷者發出催交信；

* 收集及整理統計資料；

* 編制統計表和報表；

* 協助擬備報告；

* 回覆市民及其他機構／政府部問的查詢。

(h) 資訊科技

* 管理備存紀錄；

* 向新用戶發送有關使用電腦系統的通知，以及通知各
  部門用戶新的電郵地址；

* 協助利用電腦系統儲存的資料印製報告，並把報告分
  發予有關人員；

* 協助管理資訊科技器材。

(i) 其他部門支援服務

* 香港警務處證物室文員

* 懲教署內與在囚人士有關的職務

* 康樂及文化事務署圖書館文員

* 差餉物業估價職務

* 學生資助辦事處職務

* 小學學校書記職務

「助理文書主任(ACO)」會調派至本港任何一個地區的政府辦事處工作,在執行職務時須使用資訊科技應用軟件,並可能須不定時或輪班工作和在工作時穿著制服。

入職條件-助理文書主任(ACO)

申請人必須

(a)(i)在香港中學文憑考試五科考獲第2級或同等[註(1)]或以上成績[註(2)],其中一科為數學,或具同等學歷;或

(ii)在香港中學會考五科考獲第2級[註(3)]／ E級或以上成績[註(2)],其中一科為數學,或具同等學歷;

(b) 符合語文能力要求,即在香港中學文憑考試或香港中學會考中國語文科和英國語文科考獲第2級[註(3)]或以上成績,或具同等學歷;以及

(c)中文文書處理 速度達每分鐘20字及英文文書處理速

度達每分鐘30字，並具備一般商業電腦軟件的應用知識[註(4)]。

註

(1)政府在聘任公務員時，香港中學文憑考試應用學習科目(最多計算兩科)「達標」成績，以及其他語言科目E級成績，會被視為相等於新高中科目第2級成績。(2)有關科目可包括中國語文科及英國語文科。(3)政府在聘任公務員時，2007年前的香港中學會考中國語文科和英國語文科(課程乙)E級成績，在行政上會被視為等同2007年或之後香港中學會考中國語文科和英國語文科第2級成績。(4)申請人如獲邀參加中文及英文文書處理速度測驗及一般商業電腦軟件(Microsoft Office 2007 Word及Excel)應用知識測驗，通常會接獲通知。申請人如未獲邀參加上述測驗，可視作已經落選。(5)為提高大眾對《基本法》的認識並在社會上推廣學習《基本法》的風氣，所有公務員職位的招聘程序均設有《基本法》知識測試。獲邀出席招聘面試的申請人，須參加在面試開始前或結束後舉行的《基本法》筆

試。申請人在《基本法》知識測試取得的成績,會用作評核其
整體表現的其中一個考慮因素。

薪酬

助理文書主任總薪級表第3點(每月11,520元)至總薪級表
第15點(每月23,530元)。

晉升階梯

高級文書主任(SCO)

↑

文書主任(CO)

↑

助理文書主任(ACO)

認識文書助理（CA）

【職責】

文書助理（CA）主要執行與下列一項或多項職能範圍有關的一般文書職責，其中可能涉及多類範疇職務： (a)一般辦公室支援服務；(b)人事；(c)財務及會計；(d)顧客服務；(e)發牌及註冊；(f)統計職務；(g)資訊科技支援服務；以及 (h)其他部門支援服務。

文書助理會被派往本港各區的政府辦事處工作；執行職務時須應用資訊科技；或須不定時或輪班工作，以及穿著制服當值。

入職條件-文書助理(CA)

申請人必須 -

(a)已完成中四學業，其中修讀科目應包括數學，或具備同等學歷；(b)具相當於中四程度的中英文語文能力；以

及 (c)中文文書處理速度達每分鐘20字、英文文書處理速度達每分鐘30字和具備一般商業電腦軟件的應用知識。

註:

(1)申請人如獲邀參加中文及英文文書處理速度測驗及一般商業電腦軟件(包括Microsoft Office Word 2007及Excel 2007)應用知識測驗,通常會接獲通知。申請人如未獲邀參加上述測驗,可視作已經落選。(2)如申請人亦已按招聘廣告申請助理文書主任職位,並且符合資格參加技能測驗,只須就申請的兩個職位(即助理文書主任及文書助理)參加一次技能測驗。有關測驗成績將用作評核申請人是否符合資格參加個別職位的遴選面試。(3)為提高大眾對《基本法》的認知和在社區推廣學習《基本法》的風氣,所有公務員職位的招聘,均會包括《基本法》知識的評核。獲邀參加遴選面試的申請人,其對《基本法》的認識會在面試中以口頭提問形式被評核。除非兩位申請人的整體表現相若,招聘當局才會參考申請人在基本法知識測試中的表現。

薪酬

總薪級表第1點(每月10,160元)至總薪級表第10點(每月17,835元)。

晉升階梯

高級文書主任(SCO)

↑

文書主任(CO)

↑

助理文書主任(ACO)

↑

文書助理(CA)

遴選程序

投考助理文書主任(ACO)及投考文書助理(CA)的遴選程序：

政府公開招募，並接受申請

↓

技能測驗（**Skill Test**）

↓

面試（**Selection Interview**）

↓

聘任（**Appointment**）

助理文書主任公開招聘計劃時間表

階段	程序	時間
1	助理文書主任職位申請日期 *註（1）	留意政府於政府職位空缺查詢系統及公務員事務局網頁的公布
2	技能測驗（中、英文文書處理速度測驗，以及一般商業電腦軟件應用知識測驗，包括Microsoft Office Word 2007及Excel 2007）*註（2）	公布招聘詳情後約1至6個月內*註（5）
3	遴選面試及《基本法》知識測試*註（3）	階段2之後約1至7個月內*註（5）
4	發出第一批聘書*註（4）	階段3之後約1個月內*註（5）
5	發出遴選面試之最後結果	階段4之後約6至7個月*註（5）

*註（1）

申請人必須：

a. （i）在香港中學文憑考試5科考獲第2級或同等【註(A)】或以上成績【註(B)】，其中一科為數學，或具同等學歷；或(ii)在香港中學會考5科考獲第2級【註(C)】/E級或以上成績【註(B)】，其中一科為數學，或具同等學歷；

b. 符合語文能力要求，即在香港中學文憑考試或香港中學會考中國語文科和英國語文科考獲第2級【註(C)】或以上成績，或具同等學歷；以及

c. 中文文書處理速度達每分鐘20字及英文文書處理速度達每分鐘30字，並具備一般商業電腦軟件的應用知識。

【註(A)】政府在聘任公務員時，香港中學文憑考試應用學習科目（最多計算兩科）達標成績，以及其他語言科目E級成績，會視為等同新高中科目第2級成績。

【註(B)】有關科目可包括中國語文科及英國語文科。

【註(C)】政府在聘任公務員時，2007年前的香港中學會考中國語文科和英國語文科（課程乙）E級成績，在行政上會分別被視為等同2007年或之後香港中學會考中國語文科和英國語文科第3級和第2級成績。

*註（2）

如果符合訂明入職條件的應徵者人數眾多，一般職系處可以訂立篩選準則，甄選條件較佳的應徵者，以便進一步處理。在此情況下，只有獲篩選的應徵者會獲邀參加技能測驗。

符合資格參加助理文書主任(ACO)職位技能測驗的申請人，如

已按刊登的招聘廣告申請文書助理(CA)職位,則毋須參加文書助理(CA)職位的技能測驗。

助理文書主任(ACO)職位技能測驗的成績會同時用作評核申請人是否符合資格參加CA的遴選面試。

申請人如獲邀參加技能測驗,通常會接獲通知,否則可視作已經落選。

*註(3)

申請人如獲邀參加遴選面試及《基本法》知識測試,通常會於參加技能測驗後10個星期內接獲電郵通知,否則可視作已經落選。

*註(4)

通過所有招聘程序後,獲取錄的申請人通常會接獲通知。

*註(5)

有關招聘時間表及遴選形式的資料只供參考。

文書助理(CA)公開招聘計劃時間表

階段	程序	時間
1	文書助理(CA)職位申請日期 *註（1）	留意政府於政府職位空缺查詢系統及公務員事務局網頁的公布
2	技能測驗（中、英文文書處理速度測驗，以及一般商業電腦軟件應用知識測驗，包括Microsoft Office Word 2007及Excel 2007）*註（2）	公布招聘詳情後約1至5個月內*註（5）
3	遴選面試及《基本法》知識測試*註（3）	階段2之後約1至7個月內*註（5）
4	發出第一批聘書*註（4）	階段3之後約1至2個月內*註（5）
5	發出遴選面試之最後結果	階段4之後約5至6個月*註（5）

*註（1）：

申請人必須已：

a. 完成中四學業，其中修讀科目應包括數學，或具備同等學歷；

b. 具相當於中四程度的中英文語文能力；以及

c. 中文文書處理速度達每分鐘20字、英文文書處理速度達每分鐘30字和具備一般商業電腦軟件的應用知識。

*註（2）：

如果符合訂明入職條件的應徵者人數眾多，一般職系處可以訂立篩選準則，甄選條件較佳的應徵者，以便進一步處理。在此情況下，只有獲篩選的應徵者會獲邀參加技能測驗。

如申請人亦已按刊登的招聘廣告申請助理文書主任(ACO)職位，只須就申請的兩個職位（即助理文書主任及文書助理）參加一次技能測驗。有關測驗成績將用作評核申請人是否符合資格參加個別職位的遴選面試。

申請人如獲邀參加技能測驗，通常會接獲通知，否則可視作已經落選。

*註（3）：

只有通過技能測驗的申請人才會獲邀參加遴選面試。申請人如獲邀參加遴選面試，通常會在技能測驗後約10星期內接獲電郵通知，否則可視作已經落選。

*註（4）：

通過所有招聘程序後，獲錄取的申請人通常會接獲通知。

*註（5）：

有關招聘時間表及遴選形式的資料只供參考。

申請職位途徑

- 申請表格[通用表格第340號]可向民政事務總署各區民政事務處諮詢服務中心或勞工處就業科各就業中心索取，亦可在公務員事務局網站（http://www.csb.gov.hk）下載。

- 申請人須在截止申請日期或之前，把填妥的申請表格送達查詢地址。

- 申請人也可透過公務員事務局網站（http://www.csb.gov.hk），在網上遞交申請。

- 申請書如資料不全、逾期、或以傳真或電郵方式遞交，一概不受理。

特區政府於2018年8招聘助理文書主任（ACO），入職要求為中學文憑試五科二級，或中學會考五科合格，起薪點月薪近1.5一萬元，頂薪點月薪更超過3萬元。該輪招聘空缺約1,000個，預料吸引數萬人申請。

解構技能測驗

在政府公開招聘助理文書主任(ACO)及文書助理(CA)時
作出的技能測驗，值得有志投身人士參考：

一般指引

1. 技能測驗需時大約90分鐘。考生須於指定測驗時間15
   分鐘前到達測驗中心報到。當技能測驗正式開始後，
   遲到的考生不可進入考試室應考。測驗時間完結前，
   考生一律不得離開考試室。

2. 考生不得在試卷上作任何書寫，亦不得拿走／複製試
   卷或答題卷，否則會被取消測驗資格。

3. 若在測驗當天早上七時黑色暴雨警告／八號或以上颱
   風信號仍然生效，上午的測驗將會取消。本處會為受
   影響的考生另定測驗日期及以書面通知。

測驗程序

1. 技能測驗正式開始前，考生有5分鐘時間熟習獲編配的電腦。考生須在監考人員發出有關指示後，方可開始操作電腦。

   在熟習電腦時段開始後才進入考試室的考生，將不會獲補回熟習電腦的時間。熟習電腦時段完結後，考生須按監考人員的指示，開啟預先存放在電腦桌面上的答題卷檔案，並在指定位置輸入考生編號及座位編號。

2. 監考人員隨後會分發試卷。考生須在監考人員發出有關指示後，方可翻閱試卷及開始作答。

3. 考生如在測驗進行期間作出不誠實的行為或作弊，會

被取消測驗資格。

4. 當監考人員宣布測驗完畢時，考生必須立即停止作答，雙手離開鍵盤及滑鼠，否則會被取消測驗資格。

5. 每科測驗完畢業後，監考人員會逐一收回試卷及將考生的答題卷列印，考生必須在答題卷上簽名確認。待收齊同一個科目的試卷及答題卷後，才會開考下一個科目。

文書處理速度測驗

1. 文書處理速度測驗的目的，是測試考生的打字速度及輸入文字的準確程度。助理文書主任(ACO)在文書處理方面的入職要求為中文文書處理速度達每分鐘20字及英文文書處理速度達每分鐘30字。

2. 每科測驗需時5分鐘。考生須等待監考人員發出有關指

示後，方可開始輸入文字。在測驗時間尚餘1分鐘時，監考人員會作出提示。

3. 考生不可更改答題卷內已設定的文件格式、字體和字型大小。完成後的答題卷如與原文格式、字體或字型大小不同，會被逐項扣分。

4. 考生必須依照試題逐字輸入。每段開始時，考生必須先按一下Tab。答題卷的行距和頁寬已預先設定，當文字輸入至行尾時便會自動轉行，因此考生不須按Enter轉行，只須在完成一整段後才按一下Enter。每行及每段之間不用隔行。

考生請注意，按Ctrl加其他標點符號時，切勿觸碰附近的按鍵，例如Shift、M等，否則會造成格式錯誤。

5. 試題內如有相同的文字或詞語，考生不可以使用電腦的「複製」及「貼上」功能，否則會被扣分。

6. 試題上的數字指標用以表示打字至該處時平均每分鐘
的打字速度。評核考生輸入文字速度和處理格式的準
確程度，會先以測驗及格字數指標（即每分鐘中文20
字，英文30字）內的文字為準，因此建議考生如在指
定時間內已完成及格所需的字數，應先核對已完成部
分的內容及更正錯漏，在時間許可下才繼續輸入其餘
部分。

（i）中文文書處理速度測驗

1. 考生可選用力衡廣東話拼音輸入法、力衡漢語拼音輸
入法，以及附設於微軟視窗 Microsoft Windows XP
的輸入法，包括倉頡、新倉頡、速成、新速成、大
易、行列、注音、新注音、香港粵語、單一碼（Uni-
code）和大五碼（Big 5）。

2. 測驗期間，考生可參考考試室內提供的輸入法及標點符號提示。

3. 考生不可啟動相關字詞功能，亦不可參考字典、使用鍵盤或在螢幕小鍵盤取碼，否則會被逐項扣分。

4. 標點符號與中文字之間不可留空位，否則會被扣分。

（ii）英文文書處理速度測驗

1. 考生不可啟動自動拼字檢查或自動校正功能，否則會被逐項扣分。

2. 標點符號與隨後的英文字母之間要留空位「。」、「.」、「、」、「？」及「！」後要留兩個空位，其他標點符號後要留一個空位，否則會被扣分。（分題）一般商業電腦軟件應用知識測驗

1. 一般商業電腦軟件應用知識測驗包括文書處理軟件

應用知識測驗和試算表軟件應用知識測驗兩個科目，測驗需時共30分鐘，所採用的軟件為Microsoft Office Word 2007中文版及Microsoft Office Excel 2007中文版。監考人員會同時派發兩個科目的試卷各一份，考生可自行決定作答的先後次序，但必須回答兩個科目的試題。

2. 考生不得使用計算機或開啟小算盤，否則會被取消測驗資格。

3. 測驗開始前，考生有4分鐘時間閱讀兩份試卷的試題。考生須在監考人員發出有關指示後，方可開始作答。

4. 測驗開始後15分鐘，監考人員會作出提示。在測驗時間尚餘5分鐘時，監考人員會再作出提示。

5. 除非試題內有特別的指示，考生請勿更改檔案內文件的格式，例如字型大小、列高或欄寬等，否則可能會

影響答題卷上的答案及測驗成績。

（i）Microsoft Office Word文書處理軟件應用知識測驗

此測驗是為了測試考生是否具備一般商業文書處理軟件

應用技能，測驗內容包括（但不限於）下列範圍：

- 文字處理技巧：輸入或插入文字、日期及時間、符號、

  圖文框及註腳。

- 文字及段落格式：字型、字體，對齊、縮排、行距及分

  欄。

- 文件格式：項目符號、頁首及頁尾。

- 表格使用：建立表格、更改表格內容及格式。

- 版面配置及列印設定：頁面邊界設定及列印選項圖片／

  文字製作及設定：文字藝術師、插入圖片、物件及美

  工圖案。

（ii）Microsoft Office Excel試算表軟件應用知識測驗

此測驗是為了測試考生是否具備一般商業試算表軟件應

用技能，測驗內容包括（但不限於）下列範圍：

- 試算表的基本編輯技巧：輸入、修改、搬移、複製數值

  及文字資料。

- 文字格式：字型、字體及對齊方式。

- 工作表的格式：欄列設定，儲存格數字格式、對齊方

  式、框線及圖樣。

- 公式及函數運用：輸入公式及函數、複製公式及參照地

  址。

- 版面及列印設定：頁首、頁尾、邊界設定及列印選項。

- 圖表製作及設定：圖表類型、資料來源、圖表選項、資

料標籤及座標軸格式設定。

Chapter **03**
紀律部隊文職

紀律部隊文職簡介

「紀律部隊」是一個自港英時期繼承下來的名詞，並非指具體部隊，而是包括香港警務處、香港海關、入境事務處、懲教署、消防處、政府飛行服務隊等身穿制服的人員。他們的招募、訓練、工作都與軍隊有些類似，所以被稱為「部隊」。

不過，服務於上述部門的人員，未必屬於「紀律部隊」。這些部門中，有文員等行政人員及心理輔導師等專業人士，他們不屬於「紀律部隊」。香港警務處、香港海關、入境處、懲教署及消防處這五個「紀律部隊」中，有不少工作職位，其實可由一般文書職系人員出任。

其中，香港警務處是最大的政府部門，有34436名工作人員（截至2017年10月31日），但其中只有29,880名左右身穿制服的警務人員，屬於紀律部隊，此外的4,556名文職人員並非紀律部隊。

警隊是一個大部門，文職人員為在內勤或前線工作的紀律人員提供不同行政支援。警務署的文書工作是實行雙軌制度，部門職系與一般職系人員共同合作，處理警務處內的文書工作。

所謂部門職系職員，就是指警務人員，主要分員佐級及督察級。警務處內有很多文書工作要求對警務工作有一定認知，因此部份文書工作須警隊某職級人員才能夠接觸、處理或批閱。編制上有警察駐守警署內處理文書工作。

一般職系是香港公務員的一種編制形式，一般職系人員直接隸屬公務員事務局，被委派到政府各部門工作，其中文書及秘書職系就是處理政府各部門文書工作的一般職系人員。

文書及秘書職系共有八個小職系：文書主任、文書助

理、辦公室助理員、私人秘書、打字督導、機密檔案室助理、打字員及電話接線生。

此外，警務處也會依據需要，聘請一些特殊崗位的文職人員，例如警察通訊員、交通督導員、警員（專門人員）、警察翻譯主任、警隊臨床心理學家、警察助理福利主任、裁縫、高級技術主任(多媒體)、警察助理電訊督察等。

警隊文職人員須遵守《公務員事務規例》，亦須同時遵守《警察通例》及《程序手冊》和不同類型的常務訓令。

認識警察通訊員

警察指揮及控制中心（即999電台）每年接獲超過200萬個緊急求助電話，平均每日5,000多個。警務處會聘請警察通訊員負責處理999緊急電話，警察通訊員職責亦包括在「總區指揮及控制中心」內與警務人員聯絡、操作警察控制台，並處理查詢及行動報告，需穿著工作制服和輪班工作包括夜更。

警察通訊員堪稱「半個警務人員」。因為警察通訊員須輪班工作、遵守《警察通例》及《程序手冊》和不同的常務訓令，並須受紀律約束。警察通訊員亦須具備警務人員的部分特質，例如良好的溝通技巧、瞬間作出決定的能力和頭腦靈活。警察通訊員也往往要安撫情緒激動的報警人士，以便盡快取得正確資料。

警察通訊員在市區和新界總區指揮及控制中心，按每天三班制，每班八小時的模式，在「999」控制台獨立工

作。但在分區控制台則與警務人員一起工作。

獲聘的通訊員需先接受訓練,學習電腦系統操作、認識街名和調派人手程序,再被安排在分區控制台與警員一起工作,協助巡邏的警員查閱身份證和車輛車牌資料等,協助行動中的通訊任務等。對警隊運作熟悉了解後,才會調派到「999」控制台工作。此外,通訊員每兩個月均會出席「訓練日」,以學習最新的工作程序和知識。

職責

警察通訊員主要負責:

(a)在指揮及控制中心內與警務人員緊密合作,操作警察控制台;

(b)處理999緊急電話及操作999控制台;以及

(c)處理查詢及行動報告。

(註：須穿著工作制服和輪班工作，包括夜班。)

入職條件

申請人必須：

(a)(i)在香港中學文憑考試五科考獲第二級或同等[請參閱註(1)]或以上成績[請參閱註(2)]，或具同等學歷；或

(a)(ii)在香港中學會考五科考獲第二級[請參閱註(3)]／ E級或以上成績[請參閱註(2)]，或具同等學歷；

(b)通過打字測試，速度達每分鐘30字或以上；以及

(c)語文能力程度達香港中學文憑考試或香港中學會考中國語文科及英國語文科第二級[請參閱註(3)]或以上成績，或具同等成績。

註:

(1)政府在聘任公務員時,香港中學文憑考試應用學習科目(最多計算兩科)「達標」成績,以及其他語言科目E級成績,會被視為相等於新高中科目第二級成績。

(2)有關科目可包括中國語文科及英國語文科。

(3)政府在聘任公務員時,2007年前的香港中學會考中國語文科和英國語文科(課程乙)E級成績,在行政上會被視為等同2007年或之後香港中學會考中國語文科和英國語文科第二級成績。

(4)為提高大眾對《基本法》的認知和在社區推廣學習《基本法》的風氣,政府會測試應徵公務員職位人士的《基本法》知識。申請人在基本法測試的表現會佔其整體表現的一個適當比重。

薪酬

總薪級表第6點(每月17,855元)至總薪級表第17點(每月33,290)。(由2018年4月1日起)

聘用條款

-獲取錄的申請人通常會按公務員試用條款受聘三年。

-通過試用關限後,或可獲考慮按當時適用的長期聘用條款聘用。

申請手續

申請表格[G.F.340(3/2013修訂版)]可向民政事務總署各區民政事務處民政諮詢中心或勞工處就業科各就業中心索取。

該表格也可從公務員事務局互聯網站(http://www.csb.gov.hk)下載。

申請人須在申請表格上詳細列明其學歷、技能及工作經驗。

已填妥的申請表格,連同:

(一)學歷資格(包括中國語文及英國語文科成績)的證書和修業成績表副本;及

(二)工作經驗的證明文件副本,須於「設定日期」指定的日期或之前郵寄或送達查詢地址。

申請人亦可透過公務員事務局的網站(http://www.csb.gov.hk)作網上申請。

申請人如在網上遞交申請,必須於「設定日期」指定的日期或之前把:

(一)學歷資格(包括中國語文及英國語文科成績)的證書和修業成績表副本;及

(二)工作經驗的證明文件副本交回下列查詢地址,及在信封面和文件副本上註明網上申請編號。

如以郵寄方式遞交申請及/或證明文件，信封面須清楚註明「申請警察通訊員職位」並在投寄前確保信封面已貼上足夠郵資，以避免申請未能成功遞交。所有郵資不足的郵件將不會郵遞到查詢地址並會由香港郵政根據郵政署條例處理。信封上的香港郵戳日期將被視作申請日期及/或遞交證明文件的日期。

申請表格如逾期遞交、或資料不全、或並非使用指定表格，或以傳真或電郵方式遞交，或 有提交相關證明文件副本，或相關證明文件副本在上述日期之後才收到，或所遞交的證明文件不足，有關申請將不獲受理。

申請人如獲邀參加面試，通常會在截止申請日期後約12至14個星期內接獲通知。

如遇到申請眾多等情況，可能需時稍長。

如申請人未獲邀參加面試，則可視作經已落選。

晉升階梯

總警察通訊員　Chief Police Communications Officer

↑

高級警察通訊員　Senior Police Communications Officer

↑

警察通訊員　Police Communications Officer

認識交通督導員

交通督導員職系是香港警務處一個文職職系。這個職系的人員負責執行有關車輛停泊的交通法例，包括發出定額罰款通知書、控制及管理車輛交通，以及處理其他與道路安全措施有關的工作。

交通督導員職系在1974年設立。在此之前，有關職務由警務處的警員和警長負責。交通督導員的入職要求為中三畢業。這個職系包括高級交通督導員和交通督導員兩個職級。由於交通督導員負責執法工作，因此受《交通督導員(紀律)規例》規管，並須在值勤時穿著制服。

2011年12月15日起，《汽車引擎空轉（定額罰款）條例》實施，交通督導員及環境保護督察獲得授權執行此項法例。環境保護署及香港警務處均於2011年10月起為有關執法人員提供執法訓導課程，內容涉及講解法例條文及執法細則等。

交通督導員雖然屬於文職職系，但只在警隊內部運作。基於運作上的理由，交通督導員與警員及警長不但在輪班制度和工作時間方面須作緊密配合，而且，亦須同樣接受警署警長的指揮，兩者的工作關係非常密切。

職責

交通督導員的主要職責是:

(a)執行交通法例中有關停放車輛的規定,包括發出違例停放車輛定額罰款通知書;

(b)履行《道路交通條例》委予的職責,包括管制和規管交通及執行其他相關職務;以及

(c)執行《汽車引擎空轉(定額罰款)條例》委予的職務。

入職條件

申請人必須:

(a)完成中三學業,或具同等學歷;以及

(b)具備相當於中三程度的中英文語文能力。

註:為提高大眾對《基本法》的認知和在社區推廣學習《基本法》的風氣,政府會測試應徵公務員職位人士的《

基本法》知識。只會在兩位申請人的整體表現相若時，政府才會參考申請人在基本法知識測試中的表現。

註：

交通督導員屬文職人員，但須：

(a)遵守《交通督導員(紀律)規例》所訂明的紀律規定；以及

(b)(i)穿着制服；(ii)輪班工作；(iii)在全港任何地方工作；以及(iv)完成為期4星期的訓練課程；如人員無法通過課程所規定的評核，可能會被終止服務。

薪酬

總薪級表第6點（每月17,855元）至總薪級表第12點（每月25,790元）

聘用條款

獲取錄的申請人通常會按公務員試用條款受聘三年。通過試用關限後，或可獲考慮按當時適用的長期聘用條款聘用。

註:

(a) 除另有指明外，申請人於獲聘時必須已成為香港特別行政區永久性居民。

(b) 作為提供平等就業機會的僱主，政府致力消除在就業方面的歧視。所有符合基本入職條件的人士，不論其殘疾、性別、婚姻狀況、懷孕、年齡、家庭崗位、性傾向和種族，均可申請本欄內的職位。

(c) 公務員職位是公務員編制內的職位。應徵者如獲聘用，將按公務員聘用條款和服務條件聘用，並成為公務員。

(d) 入職薪酬、聘用條款及服務條件，應以獲聘時之規定為準。

(e) 頂薪點的資料只供參考，該項資料日後或會作出更改。

(f) 附帶福利包括有薪假期、醫療及牙科診療。在適當情況下，公務員更可獲得房屋資助。

(g) 如果符合訂明入職條件的應徵者人數眾多，招聘部門可以訂立篩選準則，甄選條件較佳的應徵者，以便進一步處理。在此情況下，只有獲篩選的應徵者會獲邀參加招聘考試／面試。

(h) 政府的政策，是盡可能安排殘疾人士擔任適合的職位。殘疾人士申請職位，如其符合入職條件，毋須再經篩選，便會獲邀參加面試／筆試。

(i) 持有本港以外學府／非香港考試及評核局頒授的學歷人士亦可申請，惟其學歷必須經過評審以確定是否與職位所要求的本地學歷水平相若。有關申請人須郵寄修業成績副本及證書副本到下述查詢地址。

(j) 在臨近截止申請日期，接受網上申請的伺服器可能因為需要處理大量申請而非常繁忙。申請人應盡早遞交申請，以確保在限期前成功於網上完成申請程序。

申請手續

申請表格[G.F.340 (3/2013修訂版)]可向民政事務總署各區民政事務處諮詢服務中心或勞工處就業科各就業中心索取。該表格也可從公務員事務局互聯網站(http://www.csb.gov.hk)下載。

已填妥的申請書須於截止申請日期或之前(以郵戳日期為準) 郵寄或送達有關招聘部門的下述查詢地址。

信封面須清楚註明「申請交通督導員職位」。

申請人亦可透過公務員事務局互聯網站(http://www.csb.gov.hk)作網上申請。申請書如資料不全、逾期、並非使用指定表格或以傳真/電郵方式遞交,將不獲處理。

申請人如獲選參加面試,通常會在截止申請日期後約十二至十四個星期內接獲通知。如申請人未獲邀參加面試,則可視作經已落選。

晉升階梯

高級交通督導員(第13至16點，即27,340- 31,685元)

↑

交通督導員(第6至12點，即17,855-25,790元)

交通督導員負責《定額罰款（交通違例事項）條例》（香港法例第237章）和《汽車引擎空轉（定額罰款）條例》（香港法例第611章）的執法工作，以及管理及疏導車輛和行人。

2018年6月1日起，5項交通罪行定額罰款調高：

5項與交通擠塞有關的罪行	現行罰款	新罰款(2018年6月1日起生效)
非法進入黃色方格路口	$320	$400
在限制區內讓乘客上落	$450	$560
車輛作U字形轉向導致阻礙	$320	$400
未經授權而在巴士站、公共小巴站、的士站或公共小巴停車處停車	$320	$400
公共巴士、公共小1巴或的士上落乘客時，停車超過所需時間	$320	$400

認識警員 (專門人員)

警員（專門人員）是文職工作，沒有執法權，毋須到警
察學院受訓，不能佩槍，日常工作亦不會接觸市民。該
職位的主要職責是參與先進科技研究、為技術及行動應
用設計電腦硬件和軟件、製定樣本作測試與評估，及操
作與維修用以支援執法行動的器材。

警員（專門人員）只要求投考者有中學文憑試考獲5科第
2級或同等成績、操流利廣東話，未有提及任何體能和視
力要求。職位亦無列出對男女考生的身高與體重要求設
下限。

警員（專門人員）起薪點為警務人員薪級表第3點
（24,110元），隨年資增加可達第15點（34,475元）。該
職位將按照公務員合約條款聘請，聘用期為三年，往後
續約與否由政府決定。

警員(專門人員)屬紀律人員，獲聘人士將在警隊內的相

關部門工作，並享有附帶福利。

職責

警員 (專門人員)：

(a)參與先進科技的研究；(b)為技術及行動應用設計電腦硬件和軟件；(c)製定樣本以作測試及評估；以及(d)操作及維修用以支援執法行動的器材。

註：可能要不定時工作，包括在晚間、周末及公眾假期當值，並須遵守《警隊條例》的紀律規定。

入職條件

警員 (專門人員)：

申請人必須：(a)(i)在香港中學文憑考試五科考獲第 2 級或同等〈註(2)〉或以上成績〈註(3)&(4)〉，或具同等學

歷；或(ii)在香港中學會考五科考獲第 2 級〈註(5)〉／E

級或以上成績〈註(3)&(4)〉，或具同等學歷；(b)香港中

學文憑考試或香港中學會考英國語文科考獲第 2 級〈註

(5)〉或以上成績，或具同等成績；(c)能操流利粵語。

註：

(1)自 2009 年 4 月 1 日起新聘的警員 (專門人員)，在所屬職級

服務滿 12 年、18 年、24 年及 30 年而工作表現良好，可獲得

4 個長期服務增薪點，即 35,445 元 (警務人員薪級表第 16點)

至 38,850 元 (警務人員薪級表第 19點)。(2)政府在聘任公務員

時，香港中學文憑考試應用學習科目 (最多計算兩科)「達標並

表現優異」成績，以及其他語言科目 C 級成績，會被視為相

等於新高中科目第 3 級成績；香港中學文憑考試應用學習科目

(最多計算兩科)「達標」成績，以及其他語言科目 E 級成績，

會被視為相等於新高中科目第 2 級成績。(3)有關科目可包括中

國語文及英國語文科。(4)將於本學年內取得所需學歷資格的

學生也可申請；申請人如獲錄用，必須在本學年內取得所需學歷資格才獲聘任。(5)政府在聘任公務員時，2007 年前的香港中學會考中國語文科和英國語文科(課程乙)C 級及 E 級成績，在行政上會分別被視為等同 2007 年或之後香港中學會考中國語文科和英國語文科第 3 級和第 2 級成績。

薪酬

警務人員薪級表第 3 點 (每月港幣 24,110 元) 至警務人員薪級表第 19點 (每月 38,580 元)

聘用條款

獲取錄的申請人會按公務員合約條款受聘，聘用期為三年；續約與否完全由政府酌情決定。

註：入職薪酬、聘用條款及服務條件應以獲聘時的規定為準。

申請手續

申請表格〔G.F.340（3/2013 修訂版）〕可向民政事務總
署各區民政事務處民政諮詢中心或勞工處就業科各就業
中心索取。該表格也可從公務員事務局互聯網站　http://
www.csb.gov.hk 下載。申請人亦可透過公務員事務局互
聯網站 http://www.csb.gov.hk 作網上申請。一切遴選程
序將由招募組預約安排，投考人毋須親身遞交表格。申
請人亦可於香港警務處互聯網http://www.police.gov.hk/
recruitment 瀏覽有關此職位的資料。申請書須夾附詳盡
履歷，載列與這職位相關的工作經驗，連同有關學歷及
專業資格證明副本及工作證明，於截止申請日期或之前
送交有關招聘部門的下述查詢地址，否則申請書將不獲
受理。逾期遞交的申請以及申請表資料不全的申請表格

均不獲考慮。申請人如獲選參加面試，通常會在截止申請日期後約六至八個星期內接到通知。如申請人未獲邀參加面試，則可視作經已落選。

認識警員（專門人員）[樂隊隊員]

警員（專門人員）樂隊隊員，主要負責執行樂隊綵排及表演、裝卸和設置樂器及裝備等，要穿制服、輪班或不定時工作，並可能要在香港境外範圍工作。職位要求中學文憑試考獲5科第2級或同等成績，除了要精通1種或多種樂器，包括木管、銅管、敲擊樂器或蘇格蘭風笛等，同時要求通過體能、視力測試，亦要符合身高與體重的標準。

香港警察樂隊由一支60人的銀樂隊及一支24人的風笛隊所組成。由警察學院基礎訓練學校主管(高級警司)出任樂隊主席。音樂總監(警司)領導，並由副音樂總監(總督察)及樂隊主任(督察)協助管理。警察樂隊以基礎訓練學校武毅樓為基地，設有營房、練習室、辦公室、樂譜及樂器儲存室等。

警察樂隊成立於1951年，由科士打警司領導21人組成銀樂隊。當時只是業餘性質，隊員仍需執行一般警務，其後因表演需求日增而變成一支專業樂隊。及後於1954年再成立風笛及鼓樂隊。風笛隊除獨立演奏外，亦經常與銀樂隊合作演出。風笛隊現時穿著之制服，乃紀念前警務處長麥景陶而選用。

樂隊在警察與公眾及社區關係活動中擔當重要角色。每年參予的活動平均超過五百五十次。活動包括警務處的會操、警察之夜、警官會所活動及音樂會。樂隊亦參予官方儀式例如：每年回歸紀念日及國慶升旗儀式，另外於禮賓府舉行之國宴及榮譽獎項頒授儀式等。其他表演活動包括由香港旅遊發展局、香港貿易發展局、其他紀律部隊及政府部門所舉辦之節目，樂隊更經常為各慈善團體演出。

服務

銀樂隊（軍樂隊）

演奏之曲目範圍極廣，包括進行曲、古典及現代之輕音樂，以至本地流行音樂。最適宜於雞尾酒會、晚宴、音樂會及會操中表演，被譽為東南亞最優秀的樂隊之一。

風笛隊

由風笛手及鼓手所組成之風笛隊，擅於作簡短之步操花式表演，個別風笛手更經常被用作單獨帶領或歡迎貴賓入場之用。

流行樂隊

由四至七人組成的流行樂隊，提供背景音樂及流行輕音樂予酒會或舞會等場合使用。

儀仗號角隊

適用於開幕典禮及貴賓蒞臨之用，其莊嚴及嘹亮的喇叭聲更會令到典禮場合氣氛激昂。

管樂五重奏

由五人組成的管樂五重奏適宜於雞尾酒會、晚宴及提供背景音樂等場合使用。

中樂小組

由二至十五人組成的中樂小組可靈活結合成不同樂器之組合，在任何場合均適用。

鼓樂隊

由五至十一人所組成的鼓樂隊能提供一個充滿視覺動感及節奏澎湃的表演，亦可配上螢光燈或特制鼓架演出以增強效果。

薩克管四重奏

由四人以不同大小薩克管所組成的四重奏可演奏由古典以至爵士等多種類型音樂，適合於雞尾酒會、特別表演及提供背景音樂等場合使用。

狄西蘭爵士樂隊

由九至十二人以不同吹管樂器組成的樂隊以演奏源自新奧爾良爵士音樂為主，其最大賣點是機動性及容易製造熱鬧氣氛。

爵士三(或四)重奏

由三或四人組成的爵士三(或四)重奏由鼓、薩克管、鋼琴及低音電結他(可選用)適宜於雞尾酒會、晚宴及提供背景音樂等場合使用。

職責

(a) 執行樂隊每天的例行工作,包括為綵排及表演裝卸和設置樂器及裝備,及維持樂隊大樓的治安;

(b) 出席由警隊、特區政府及私人機構主辦的綵排、表演及會操;

(c) 定時檢查樂器及制服,確保它們妥當合用,如發現損壞或需要修理/更換,即須向長官報告;

(d) 遵照樂隊主任或樂隊副總監的指示,修讀音樂課程,以提高樂理知識;及

(e) 嚴守高水平的紀律及儀容。

入職條件

(a)(i)在香港中學文憑考試五科考獲第2級或同等[註(2)]或以上成績[註(3)]，或具同等學歷；或

(ii)在香港中學會考五科考獲第2級(註4)／E級或以上成績[註(3)]，或具同等學歷；

(b)符合語文能力要求，即在香港中學文憑考試或香港中學會考中國語文科及英國語文科考獲第2級[註(4)]或以上成績，或具同等學歷；及操流利粵語；

(c)精通一種或多種下列樂器： (i) 木管樂器、銅管樂器、敲擊樂器，並持有由英國皇家音樂學院所頒發的八級或以上證書，或具備同等程度；或

(ii) 蘇格蘭風笛或蘇格蘭鼓，並持有由英國風笛學院 (The College of Piping, UK) 所頒發的三級或以上證書，或具備同等程度；或具備最少一年參與任何風笛及鼓樂團的

演出經驗;

(d)能通過所有遴選要求包括試演及體能測試;

(e)符合下列體格標準:

男性

-身高至少163厘米,體重至少50公斤;

女性

-身高至少152厘米,體重至少42公斤;

(f)通過視力測驗,戴眼鏡人士亦可申請,但必須在不配戴矯視工具下,通過測驗; 及

(g)是香港特別行政區永久性居民,及在香港至少居住滿七年。

薪酬

警務人員薪級表第 3點 (每月港幣 22,410 元) 至警務人員
薪級表第 19點 (每月 35,860 元)

聘用條款

獲取錄的申請人會按公務員試用條款受聘，試用期為三
年。成功通過試用期者將獲當局考慮按當時適用的長期
聘用條款受聘。

申請手續

申請表格〔G.F.340(3/2013修訂版)〕可向民政事務總署各區民政事務處民政諮詢中心或勞工處就業科各就業中心索取。該表格也可從公務員事務局互聯網站http://www.csb.gov.hk下載。申請人亦可透過公務員事務局互聯網站 http://www.csb.gov.hk 作網上申請。一切遴選程序將由招募組預約安排,投考人毋須親身遞交表格。申請人亦可於香港警務處互聯網http://www.police.gov.hk/recruitment瀏覽有關此職位的資料。申請書須夾附詳盡履歷,載列與這職位相關的工作經驗,連同有關學歷及專業資格證明副本及工作證明,於截止申請日期或之前送交有關招聘部門的下述查詢地址,否則申請書將不獲受理。逾期遞交的申請以及申請表資料不全的申請表格

均不獲考慮。申請人如獲選參加面試,通常會在截止申

請日期後約六至八個星期內接到通知。如申請人未獲邀

參加面試,則可視作經已落選。

警方於2018年公開招聘警員(專門人員)「樂隊隊員」。成功獲
聘者將按公務員試用合約受聘三年,入門起薪點24,110港元,最
高可達34,475元。此外,自2009 年4月1日起新聘的警員(專門人
員)「樂隊隊員」,在所屬職級服務滿12年、18年、24年及30年
而工作表現良好,可獲得4個長期服務增薪點,即35,445 元 (警務
人員薪級表第16點) 至38,580 元 (警務人員薪級表第19點) 。

認識警察翻譯主任

警察翻譯主任是警隊內一個歷史悠久的部門職系，於1998年前稱為警察傳譯員，1998年更名為「警察翻譯主任」，以反映他們在職能上的轉變。現時，警察翻譯主任在各個警察總區、警察總部和一些專責組別提供翻譯和傳譯服務。

警察翻譯主任必須具備良好的中英語文寫作能力，以及熟悉中國地方方言。隨著時代變遷，現在警察翻譯主任的主要職務是翻譯文件。

警察翻譯主任的服務所涵蓋的範圍很廣泛，包括調查工作、警務行動和其他行政工作等。與警務人員一樣，警察翻譯主任需輪班工作，以配合警務行動上的需要。如有需要，他們要加班工作。例如，警察翻譯主任須參與好些緊急和特別的警察調查和行動工作，其間須與有關警務人員保持緊密的合作，以致或需長時間於公眾假期工作。

為進一步提高警察翻譯主任的專業技能，他們會不時接受職系訓練單位和公務員培訓處的在職培訓。事實上現時大部分的警察翻譯主任也能操熟練的普通話，便引證了他們鞏固專業水平的決心。由於所需翻譯的文件種類繁多，涵蓋不同的行業和專業，例如銀行業務、經濟、商務、醫學、工程學和建築等，警察翻譯主任須不時學習不同行業的最新用語或專科術語，以及緊貼香港漢語和英語的最新用法。

職責

主要負責在警署、刑事辦公室或其他警隊單位／組別擔任翻譯、傳譯及擬備控訴書工作。

註：警察二級翻譯主任須輪班工作（包括當值夜班）。

入職條件

申請人必須(a)(i)在香港中學文憑考試五科考獲第2級或以上成績，或具同等學歷；或在香港中學會考五科考獲第2級／E級或以上成績，或具同等學歷，及具備三年翻譯及傳譯或經常講寫英語的工作經驗；或(ii)持有香港其中一所理工學院／理工大學頒發的翻譯／傳譯高級文憑，或註冊專上學院在其註冊日期後頒發的中國語文／英國語文文憑，或具同等學歷；或(iii)持有香港高等院校頒發並獲認可的翻譯／傳譯或中國語文／英國語文副

學士學位，或具同等學歷；(b)英文打字速度每分鐘達30字；以及(c)符合語文能力要求，即在香港中學文憑考試或香港中學會考中國語文科及英國語文科考獲第3級或以上成績，或具同等成績；及能操流利普通話（能通過部門主持的普通話考試）。

註：(1)上述(a)項科目可包括中國語文及英國語文科；(2)申請人須通過翻譯筆試方獲挑選接受普通話考試／英文打字速度測驗／面試。

薪酬

總薪級表第10點（每月港幣22,865元）至總薪級表第21點（每月港幣40,420元）

晉升階梯

警察總翻譯主任 Chief Police Translator

(總薪級表 34 - 39)(70,590-85,770元)

↑

警察高級翻譯主任 Senior Police Translator

(總薪級表 28 - 33)(55,750-70,090元)

↑

警察一級翻譯主任 Police Translator I

(總薪級表 22 - 27)(42,330元-53,195元)

↑

警察二級翻譯主任 Police Translator II

(總薪級表 10 - 21)(22,865元-40,420元)

聘用條款

獲取錄的申請人會按公務員試用條款受聘,試用期 三年;通過試用關限後,才會獲當局考慮按當時適用的長期聘用條款聘用。

申請手續

申請表格 [G.F. 340 (3/2013修訂版)] 可向民政事務總署各區民政事務處諮詢服務中心或勞工處就業科各就業中心索取。該表格也可從公務員事務局互聯網站(http://www.csb.gov.hk)下載。已填妥的申請表,須於截止申請日期或之前郵寄到有關招聘部門的下列查詢地址(信封上的郵戳日期會視為申請日期)。申請人亦可透過公務員事務局互聯網站 (http://www.csb.gov.hk) 作網上申請。持有本地學歷的申請人在現階段毋須附上證明文件副本。

持有本港以外學府的非香港考試及評核局頒授的學歷人士，須於截止申請日期或之前把申請表連同A4紙張大小的修業成績副本及證書副本郵寄到下列查詢地址。申請人如在網上遞交申請，須於截止申請日期後一星期內把A4紙張大小的修業成績副本及證書副本郵寄到下列查詢地址，及在信封面和文件副本上註明網上申請編號。申請人如沒有清楚列出已獲取的公開考試「所有」科目成績或未能於限時前提供所需證明文件，其申請將不獲受理。請勿郵寄修業成績或證書的正本。申請人如獲選參加翻譯筆試，通常會在截止申請日期後約八至十個星期內接到通知。申請人如未獲邀參加翻譯筆試，則可視作經已落選。

認識警察助理福利主任

警察助理福利主任主要協助處理現役警員及退休人員的
福利事宜。

香港警察的福利，可謂引人艷羨。根據《警察通例》，
警察的免費醫療計劃，連家屬也可在公立醫院中享受。
警察子女上學，可獲教育津貼。在寸土寸金的香港，房
屋福利最為人樂道。已婚並與未成年子女同住的警察，
可分配宿舍，需要根據打分排隊。租金從薪金中扣除，
約為月薪的7.5%，這只是市場價的幾分之一。

警察的福利可概括為以下幾方面：房屋福利、免費醫療
和牙醫服務、有薪假期、教育援助、康樂及體育。以康
樂及體育為例，位於銅鑼灣的警官俱樂部（供督察及以
上職級人員使用）及位於界限街的警察體育遊樂會（供
各職級人員使用）為警隊提供各式各樣的社交、體育及
康樂設施。此外，位於大埔大尾督及西貢早禾坑亦有兩

個較小型中心。該兩個中心提供基本康樂設施,而西貢早禾坑亦提供住宿服務,讓會員及其親友可在一個較輕鬆的環境中度假。

每年警察福利基金會資助合資格的警隊成員以較相宜價格入住度假屋及酒店。這些度假屋及酒店分別位於香港的大嶼山及大埔;國內南部主要城市,則為深圳、廣州、番禺及南沙等。他們可參加由警察福利基金資助的體育會。此外,各總區、區或分區亦定期舉辦體育及康樂活動。

退休後,退休人員仍可獲警隊的福利辦事處提供以下的服務,包括提供福利援助,並視乎情況協助轉介往合適醫療和社會服務機構;協助失去親人的家屬申請香港警察儲蓄互助社/ 中央基金/ 家庭保障基金 /警察福利基金等的福利服務和財政援助;協助符合資格而年齡未滿26歲子女的

退休人員申請「警察子女教育信託基金」及「警察教育及福利信託基金」。 退休人員可加入自願捐助計劃，支持兩個教育信託基金等。

職責

(a)為員工、退休人員及其家屬提供輔導及各種福利服務；

(b)協助警察福利主任確保總區福利辦事處有效運作；以及

(c)協助警察福利主任策劃、籌備及進行福利、體育及康樂項目。

註：或須不定時工作，以及在星期日及公眾假期工作。

入職條件

申請人必須:

(a)持有本港大學學位,或具備同等學歷;

(b)於取得學位後,有十年從事一般福利工作的實際經驗;以及

(c)符合語文能力要求,即於綜合招聘考試兩張語文試卷(包括中文運用及英文運用)取得「二級」成績,或同等成績[註(1)];並能説流利粵語及英語。

註:(1)綜合招聘考試的中文運用及英文運用試卷的成績分為二級、一級或不及格,並以二級為最高等級。

政府在聘任公務員時,香港中學文憑考試中國語文科第5級或以上成績;或香港高級程度會考中國語文及文化、中

國語言文學或中國語文科C級或以上的成績,會獲接納為等同綜合招聘考試中文運用試卷的二級成績。香港中學文憑考試中國語文科第4級成績;或香港高級程度會考中國語文及文化、中國語言文學或中國語文科D級的成績,會獲接納為等同綜合招聘考試中文運用試卷的一級成績。

香港中學文憑考試英國語文科第5級或以上成績;或香港高級程度會考英語運用科C級或以上成績;或General Certificate of Education (Advanced Level) (GCE A Level) English Language科C級或以上成績,會獲接納為等同綜合招聘考試英文運用試卷的二級成績。香港中學文憑考試英國語文科第4級成績;或香港高級程度會考英語運用科D級成績;或GCE A Level English Language科D級成績,會獲接納為等同綜合招聘考試英文運用試卷的一

級成績。

在International English Language Testing System (IELTS)學術模式整體分級取得6.5或以上，並在同一次考試中各項個別分級取得不低於6的成績的人士，在IELTS考試成績的兩年有效期內，會獲接納為等同綜合招聘考試英文運用試卷的二級成績。IELTS考試成績必須在職位申請期內其中任何一日有效。

薪酬

總薪級表第25點（每月港幣48,540元）至總薪級表第33點（每月港幣70,090元）

晉升階梯

警察高級福利主任 Senior Force Welfare Officer

(總薪級表 45 - 49)(112,250-129,325元)

↑

警察福利主任 Force Welfare Officer

(總薪級表 34 - 44)(70,590元-105,175元)

↑

警察助理福利主任 Assistant Force Welfare Officer

(總薪級表 25 - 33)(48,540-70,090元)

聘用條款

獲取錄的申請人通常會按公務員試用條款受聘三年。通過試用關限後，或可獲考慮按當時適用的長期聘用條款聘用。

申請手續

申請表格[G.F. 340 (3/2013修訂版)]可向民政事務總署各區民政事務處民政諮詢中心或勞工處就業科各就業中心索取。該表格也可從公務員事務局互聯網站(http://www.csb.gov.hk)下載。

申請人須在申請表格上詳細列明其學歷及工作經驗。已填妥的申請表格,連同(一)學歷(包括證書和修業成績表副本);(二)工作經驗的證明文件副本;及(三)中英文水平的證明文件的副本,須於設定的指定日期或之前郵寄或送達查詢地址。

申請人亦可透過公務員事務局的網站(http://www.csb.gov.hk)作網上申請。申請人如在網上遞交申請,必須於設定的指定日期或之前把(一)學歷(包括證書和修業成績表副本);(二)工作經驗的證明文件副本;及(

三）中英文水平的證明文件的副本交回查詢地址，及在信封面和文件副本上註明網上申請編號。

如以郵寄方式遞交申請及／或證明文件，信封面須清楚註明「申請警察助理福利主任職位」並在投寄前確保信封面已貼上足夠郵資，以避免申請未能成功遞交。所有郵資不足的郵件將不會郵遞到查詢地址並會由香港郵政根據郵政署條例處理。信封上的香港郵戳日期將被視作申請日期及/或遞交證明文件的日期。

申請表格如逾期遞交、或資料不全、或並非使用指定表格，或以傳真或電郵方式遞交，或 有提交相關證明文件副本，或相關證明文件副本在上述日期之後才收到，或所遞交的證明文件不足，有關申請將不獲受理。

申請人如獲邀參加面試，通常會在截止申請日期後約八至十個星期內接獲通知。如遇到申請眾多等情況，可能

需時稍長。如申請人未獲邀參加面試，則可視作經已落
選。

認識消防隊目（控制）

消防隊目（控制）的工作是最先接聽求助者電話，儘快將有關資訊轉達給前線的救援同事，及作後勤支援，對於整個救援行動是相當重要。他們的工作，無論大小事務，均需以打字形式輸入電腦記錄，務必快而準。

除了負責接聽求助電話，消防隊目（控制）在遇上大型火警時，或要要駕駛流動指揮車到場。

該職位屬於調派及通訊組，主要負責接聽求助電話、調動救護車、消防員、裝備，並要做統計數據和撰寫消防事故報告。由於此職位負責救援行動的後勤支援，應徵者無須接受體能測試。

消防隊目（控制）需要在壓力下保持冷靜，要平伏求助人的心情外，更要在有限的時間內得到所需要的救援資料，記錄並轉達訊息予前線救援人員，故要求應徵者的英文打字需做到快而準，打字速度需達每分鐘30個字或

以上，如果考生在打字部分未能達標，就無緣參與面試了。

獲聘者要先到位於將軍澳百勝角11號的「消防及救護學院」接受3個月訓練，包括學習步操、基本救護課程、接聽救助電話、通訊系統、消防和救護設備等，入職後再向消防總隊目學習經驗。

職責

消防隊目(控制)須接受訓練，其主要職責是以中英文處理控制室和調派工作。須受紀律約束，並須輪班當值及穿着制服。

入職條件

(1) 學歷要求：(a)在香港中學文憑考試五科考獲第2級或同等[註a]或以上成績，或具備同等學歷；或(b)在香港中學會考五科考獲第2級[註b]／E級或以上成績，或具備同等學歷；

(2) 符合語文能力要求，即在香港中學文憑考試或香港中學會考中國語文科和英國語文科考獲第2級[註b]或以上成績，或具備同等學歷；並能操流利粵語和英語；

(3) 通過能力傾向筆試；以及

(4) 英文打字測試及格，打字速度每分鐘達30個字或以上。

註：(i)上文第(1)項所述的科目可包括中國語文科和英國語文科。(ii)申請人如能操普通話，將獲優先考慮。(iii)申請人如持有效的香港駕駛執照，將獲優先考慮。(iv)申請人在本職位截止接受申請當天，必須已取得所需的學歷

資格。(v)只有初步入選的申請人才會獲邀接受電腦打字測試。打字測試及格者將獲邀參加面試。

薪酬

一般紀律人員(員佐級)薪級表第15點(每月港幣30,315元)至一般紀律人員(員佐級)薪級表第24點(每月港幣38,910元)。

晉升階梯

助理消防區長(控制) Assistant Divisional Officer (Control)

(一般紀律人員(主任級)薪級表 27 - 32)(87,460- 105,115元)

↑

高級消防隊長(控制) Senior Station Officer (Control)

(一般紀律人員(主任級)薪級表 22 - 26)(72,645- 84,250元)

↑

消防隊長(控制) Station Officer (Control)

(一般紀律人員(主任級)薪級表 9 - 21)(43,845- 70,970元)

↑

消防總隊目(控制) Principal Fireman (Control)

(一般紀律人員(員佐級)薪級表 25 - 29)(40,065- 45,975元)

↑

消防隊目(控制) Senior Fireman (Control)

(一般紀律人員(員佐級)薪級表 15 - 24)(30,315- 38,910元)

聘用條款

(1) 獲錄用的消防隊目(控制)，會按當時適用的試用條款受聘，試用期為三年。如在試用期工作表現令人滿意，試用期滿後可轉為按當時適用的長期聘用條款受聘。(2) 在通過試用關限之前，獲取錄的人員必須(a)在基礎訓練課程結業試及格；以及(b)試用期滿，表現令人滿意，完全符合職系的要求和服務需要。

申請手續

申請人可(a)親身把填妥的政府職位申請書[G.F.340 (Rev. 3/2013)]投入設於九龍尖沙咀東部康莊道一號消防總部大廈地下的投遞箱；招募期間投遞箱開放時間：星期一至五(公眾假期除外)上午九時至下午六時三十分；或(b)以郵遞方式把填妥的政府職位申請書(G.F.340[Rev.3/2013])送交九龍尖沙咀東部康莊道一號消防總部大廈八樓委聘組，申請日期以信封上郵戳所示日期為準。請在投寄前確保信封面已清楚寫上正確的地址及已貼上足夠郵資，以避免申請未能成功遞交。所有郵資不足的郵件會由香港郵政安排退回或銷毀；或(c)透過公務員事務局網頁(網址：http://www.csb.gov.hk)作網上申請。在臨近截止申請日期，接受網上申請的伺服器可能因為需要處理大量申請而非常繁忙。申請人應盡早遞交申請，以確保在限期前成功於網上完成申請程序。

投考程序

遞交填妥的政府職位申請書 (GF340)

↓

打字測試

能力傾向筆試

面試

《基本法》知識測試

↓

體格檢驗

↓

在消防及救護學院受訓

Chapter **04**
政府文職面試攻略

面試儀表及衣著宜忌

「禮儀」及「禮貌」是政府文職（尤其是「助理文書主任(ACO)」及「文書助理(CA)」）的遴選面試中一個非常重要的元素，透過「禮儀」及「禮貌」其實已經可以對投考者的涵養和質素一覽無遺，甚至是導致遴選面試的成敗得失。

因此，投考者絕對不應該忽視遴選面試時的言行舉止，甚至完全不顧「禮儀」及「禮貌」。以下是遴選面試過程中關於「禮儀」及「禮貌」的一些建議，如果你準備投身政府文職，這些建議可能成為你遴選面試成功的踏腳石。

男考生儀表及衣著宜忌

宜	忌
得體、成熟、穩重、專業、流露出老實的感覺	輕佻、浮躁、幼稚、入世未深、形象古怪
整齊髮型（短髮）	染金色頭髮
緊記剃鬚	蓬頭垢面
緊記剪指甲	留長手指甲
不應穿戴耳環	穿戴耳環
戴手錶	戴奇形怪狀手錶
穿深色西裝	忌穿T恤、牛仔褲、短褲
結深色領呔	結標奇立異顏色領呔（例如：綠色、紅色）
傳統有鞋帶皮鞋	波鞋、拖鞋及涼鞋
黑色襪	白襪、波襪、船襪
公事包	太名貴名牌之物品（公事包）
大方得體為原則	切忌表露「宅男」神態

女考生儀表及衣著宜忌

宜	忌
端莊、成熟、穩重、專業、流露出老實的感覺	輕佻、浮躁、幼稚、入世未深、形象古怪
整齊髮型	染金色頭髮又或highlight頭髮
基本化妝（淡妝）	濃妝艷抹
塗清淡味道香水	塗過濃香水
乾淨整齊	花枝招展
指甲整齊	油指甲或整水晶甲
戴手錶	戴奇形怪狀手錶
首飾以簡潔為主	佩帶過多首飾（例如：耳環、戒指、頸鏈）
穿著深色及端莊得體之行政套裝	穿太薄、緊身、性感、暴露、顏色鮮艷及誇張的衣服
穿「空姐鞋」	3吋高跟鞋/露出腳趾的鞋
拿公事包	帶太名貴名牌之物品（如名牌手袋）
大方得體為原則	切忌表露「港女」、「港孩」神態

面試的「死罪」

遴選面試時，合適的儀表及衣著，會讓主考官感覺投考人士有專業精神的印象，男考生應該要顯得幹練大方，女考生應該要顯得端莊成熟。在進入面試室之前，

必須先自我檢查一下儀表及衣著，否則的話可能會造成印象分數大打折扣。

建議一定要提前最少30分鐘到達遴選面試的地點，以表誠意，給予信任感，同時也可調整自己的心態，做一些簡單的儀表準備，避免手忙腳亂，臨急抱佛腳。

為了做到這一點，一定要緊記面試的日期、時間及地點。考生最好能夠預先去面試的地點一趟，以免因一時找不到地方或途中延誤而遲到。

如果遲到，肯定會給主考官留下不好的印象，甚至會喪失遴選面試的機會。無論如何，「遲到」就是面試的「死罪」。

面試基本禮貌：應做／不應做

應做：

-輕敲面試室之門，然後得到主考官允許後，才輕力推開門，進入面試室，然後再慢慢輕力關上面試室之門

主動與主考官講「早晨」又或者「午安」（Good Morning Sir /Madam /Good Afternoon Sir /Madam）

-在主考官邀請你坐下時才好坐低，切忌未曾應邀，已急於坐低

-在主考官請你坐下之時，應該講「Yes Sir /Madam, Thank You Sir /Madam」

-坐姿要筆直端正，雙手放在膝蓋上

-大部分的時間，考生視線均望著提問的主考官，偶爾亦需要望向副主考官

-在主考官講話之時，用心聆聽，並且將自己當作聆聽

者，聆聽時需要略帶微笑

-在遇到不清楚／不明白的問題時，最理想的辦法是向主考官澄清問題，這樣既可以贏得少許的考慮時間，同時亦可以表現出自己的認真

-在回答問題時，說語速度不要太快，期間可以一邊講一邊想，令主考官有一種穩重可靠的感覺

-在回答問題時，將答案詳細解釋

-在面試結束之時，不急不緩地起立，然後微笑、起立、道謝、告別、鞠躬後離開面試堂。

不應做：

-蹺腿而坐

-不應東張西望、顯得漫不經心

-目不轉睛地望著主考官或副主考官

-聲音過大會令主考官厭煩，聲音過細則難以聽得清楚

回答問題時，只答「是」或「不是」／「係」或「唔

係」

-假裝懂得，胡亂作答

-用口頭禪、俗語和術語

-在主考官提出一些無理的問題，試探你的應變能力時亂

了分寸

-與主考官爭拗某個問題，是不明智的舉動，冷靜地保持

不卑不亢的風度才是正確

-無意識地用手摸頭髮、耳朵、抓恤衫領等，多餘的動作。

-無須主動伸手握別

面試的態度

1 放鬆心情、保持笑容

在臉上掛點笑容。微笑最能拉近你和主考官的距離，也容易建立互信和友誼。愁眉苦臉或肌肉僵硬，都會使你的表現大打折扣。

2 集中精神、細心聆聽

面試的時候，腦筋不要開小差，要細心聆聽問題，作出恰當的反應，而且一直要跟主考官有眼神接觸，這樣才會使人覺得你尊重他和懂得應對。

3 保持坐姿、避免亂動

不要坐得太隨便，腰板要挺直，身子微微前傾，這會給人一種穩重和尊敬對方的感覺。也不要在椅子上頻頻挪動身子，否則會使人覺得你如坐針氈，毫無大將之風。

4 勇於承擔、凸顯熱誠

要顯得你有誠意投入投考的職位，以及有志向和有承擔。切勿立場恍惚，無可無不可。

5 避免多言、掌握時機

回答要具體、扼要。切忌拖拖拉拉，給人一種不成熟和缺乏組織能力的感覺。

直擊應徵警察通訊員

首先，應徵警察通訊員需具備一定耐性。有些個案分享，遞交GF340後，足足等待5個月才有機會面試。接到警務處人事科電通知後，一般一至三日內會收到實體通知書，上面列有面試的日期、時間和地點等資料。

由於距離交表格往往有一段時間，應徵者宜記下自己曾遞交什麼資料，以免弄錯。如果期間的工作狀況有轉變，最好更新自己的工作證明。學歷方面，如提交表格時有提供證書副本或縮圖，亦宜帶同證書正本前往。欲申請政府工的人士，如曾當暑期工或義工，最好事先向機構索取相關證明，以備不時之需。

投考見警察通訊員一般流程如下：

考打字

↓

基本法

↓

翻譯

↓

最後面試

要通過打字測試，速度需達每分鐘30字或以上。通常考試提供約3分鐘的練習時間，讓考生適應場地提供的鍵盤。考生可以考兩次，一次練習，一次正式，每次兩分鐘，但如果練習時已經達標，就不必考第二次。所要求的每分鐘30字是指英文，錯字不能多於5個，需留意的是每個字只能於輸入空格前作更改。

基本法方面，規定25分鐘做15條題目，一般考生也無需這麼多時間。基本法測試不設及格分數，為加強獲聘機會自然越高越好。測試分數一般於面試後一個月後收到，該紀錄的正本宜妥善保存，因為考生如想投考同級職位階的政府工，是可重用該紀錄，無須重考。

翻譯方面，題目為英譯中，考試時間為6分鐘，雖然題目一般比較簡單，唯基本上沒有思考的餘裕，考生宜多加訓練。

當考生成功通過上述三項測試就會進行面試。考生除需準備如何自我介紹，亦可事先思考一些常見問題。

如考生成功獲聘，將收到通知信，之後打手指模核查沒有犯罪紀錄，如通過便安排體檢，準備正式上班。

常見面試問題（警察通訊員及交通督導員）

警察通訊員

面試的問題大概離不開以下幾點 :

- 為何想做這份工作？

- 對警察通訊員工作的了解？

- 如果覺得報案人是在「玩電話」，你會如何做？

- 獲聘後覺得自己做不來，捱不到通宵會怎樣做？

- 你會如何適應輪更工作？

- 警察通訊員主要負責什麼工作？

- 如通宵更後回家睡不著，你會怎辦？

- 去年各總區指揮及控制中心共接聽了多少個來電？

- 去年各總區指揮及控制中心接聽的來電中，多少屬於需要處理的求助電話？

- 如果天文台預告兩小時後掛8號風球，當時是黃昏6時，你剛巧是通宵更，會怎樣做？

交通督導員

面試的問題大概離不開以下幾點：

(1)為何你會申請交通督導員的職位？

(2)你認為交通督導員是否有存在的價值？

(3) 如果在執行職務時遇到蠻不講理的市民， 你會如何

處理？

(4) 你這麼高大，為什麼不投考其他紀律部隊的工作？

(5) 你對交通督導員的工作有任何抱負？

政府各部門熱門試題

1. 政制及內地事務

－ 立法會的職權是什麼？現時共有幾多個立法會議席？

－ 區議會的職權是什麼？你居住地區的區議員是誰？

2. 教育

－ 教科書電子化可否解決現有問題？

－ 你對新學制有什麼意見？

－ 你對通識教育有什麼意見？

3. 環境

－ 有什麼方法可以改善香港的空氣質素？

－ 你對辦公室環保有什麼意見？

－ 可以怎樣／ 在哪裡處置垃圾／ 固體廢物？應否關閉將

軍澳堆填區？

4. 食物及衛生

－怎樣可以更有效保障食物安全？

－你對雙非孕婦湧港產子有什麼意見？

－你對醫療改革／融資有什麼意見？

5. 民政事務

－現時香港的文化節目主要由哪個部門負責？

－你對西九文化區有什麼期望？怎樣可以進一步發展本地的文化軟件？

－圖書館的設施和服務有什麼發展空間？

－下次奧運在何年及何地舉行？怎樣可以加強香港運動員的培訓？

6. 勞工及福利

－ 你對「就業交通津貼計劃」有什麼認識？

－ 政府有什麼扶貧措施，可以維護弱勢社群？

－ 現在的最低工資如何，你對此有什麼意見？

7. 保安

－ 邊境水貨客充斥衍生什麼影響，又如何解決？

－ 青少年吸毒問題有什麼解決方法？

－ 你對輸入專才計劃有什麼意見？

8. 運輸及房屋

－ 怎樣可以改善灣仔告士打道交通？

－ 你對港鐵票價「可加可減」機制有什麼意見？

－ 是否贊成港人港地政策及禁止內地人在港買賣置業？

— 是否應該恢復興建居屋？

— 對商場育嬰間有什麼意見？

9. 商務及經濟發展

— 怎樣可以推動香港的經濟貿易發展？

— 怎樣可以協助電影業的發展？

— 香港電台怎樣提供更好節目質素？

— 你對推廣香港的旅遊業有什麼意見？可以在哪些新興

　市場加強推廣香港？

— 怎樣提升旅遊業的服務質素？

— 迪士尼怎樣可以和上海競爭？

10. 發展

— 香港政府的十項大型基建工程（十大建設）有什麼進
展？你認為哪一項應該加快建設？

— 珠澳大橋預計何時建成和開通？香港的起點站在哪
裡？落成後，私家車收費多少？

— 「廣深港高速鐵路」香港段總站設在哪裡？預期何時
建成？

11. 財經事務及庫務

— 怎樣可以鞏固本港作為金融中心的地位？

— 怎樣可以保持本港物流發展的領先地位？

— 銷售稅有什麼好處或壞處？

Chapter 05
公務員之福利

公務員的附帶福利

公務員可享有多項附帶福利，當中視乎其「職級」、「服務年資」、「聘用條款」以及「其他規例」而有所不同。而這些福利則包括：

- 醫療及牙科福利

- 教育津貼

- 房屋福利

- 假期

- 旅費

- 退休福利

而「因公殉職」或「因公受傷」、又或者「在職身故」的公務員，其本人或家屬則可以獲得多項福利的保障：

- 因公殉職或因公受傷的公務員可獲得的福利

- 因公受傷而退休的公務員可獲得的福利

- 在職身故的公務員可獲得的福利

公務員的退休保障

一般而言，公務員年屆指定的正常退休年齡便須退休。
這項政策目的是令公務員隊伍能夠不斷加入新血，並且
令到較年青的公務員可以對本身的職業前途及晉升抱有
期望。

根據香港退休金法例規定，按可享退休金條款受聘的公
務員，在「舊退休金計劃」、「新退休金計劃」或「公
務員公積金計劃（公積金計劃）」下，紀律部隊職系公
務員（紀律部隊人員）的訂明退休年齡為55或57歲（視
乎職級而定），而文職職系公務員的正常退休年齡則為
60歲。

除特別情況外，政府一般不會考慮繼續聘用已超過正常
退休年齡的員工。

按合約或其他條款受聘的公務員的聘用期，通常是不會
超過60歲。

有關人員退休時，其將會享有退休金法例規定或其受聘條款所指定的退休福利。在2000年6月1日前按可享退休金條款受聘的公務員退休時，可按所屬退休金計劃獲發退休金。

其他並非按可享退休金條款受聘的公務員，包括於2000年6月1日或以後按新試用／合約條款受聘的人員，將獲《強制性公積金計劃條例》下的強積金供款（在《強制性公積金計劃條例》下獲豁免的人員除外）。

當有關人員按新長期聘用條款受聘時，他們便可加入「公務員公積金計劃（公積金計劃）」，從而獲得有關的福利。

退休公務員的福利及服務

政府除了照顧在職的公務員外,亦會顧及退休公務員的福利。在政府提供的退休福利及服務以外,退休公務員仍可享用政府隊所提供的多項福利及服務,當中包括有:

- 退休公務員服務組

- 退休公務員福利基金

- 退休後就業

- 醫療及牙科福利

- 租用政府度假設施

- 退休公務員旅行

退休公務員服務組

公務員事務局於1987年12月成立了「退休公務員服務組」，為行將退休的人員和退休公務員提供下列服務：

(a) 發布與退休公務員有關的消息；

(b) 提供諮詢服務，範圍包括：

- 發放退休金安排

- 遺屬撫恤金計劃供款

- 稅務負擔

- 醫療及牙科診療等

(c) 協助遇到困難的退休公務員，例如將個案轉介有關部門等。

而「退休公務員服務組」亦設有一所「退休公務員資源中心」，地點位於香港添馬添美道2號政府總部西翼5樓508室。資源中心訂有多份雜誌和日報，供退休公務員閱讀消閑。退休公務員亦可使用設置的電腦，查閱互聯網上的電子郵件。

退休公務員的福利基金

公務員事務局設有「退休公務員福利基金」，由退休公務員服務組管理。

「退休公務員福利基金」目的是向真正有困難的退休公務員或者已故退休公務員的家屬，提供經濟援助。

退休公務員（支取退休金或年積金而非額外退休金）或已故退休公務員的尚存配偶或受供養子女，不論在何處定居，均可向「退休公務員福利基金」申請撥款以作援助。

而「退休公務員福利基金」所撥出的援助是一筆過形式，個案批准與否的主要考慮因素包括：

- 申請人及其家庭成員的收支狀況

- 曾否獲得其他相同性質的基金資助等

申請如獲批准可獲發放的最高款額通常為6,000元。「退休公務員福利基金」撥款援助的主要用途，包括有：

- 醫療費用包括特別醫療器材的費用

- 殮葬費

所有申請必須根據開支的收據審批。

退休公務員的就業

公務員在退休後從事政府以外的工作,不但可使生活有所寄託,更可以獲得額外收入。

勞工處就業科的「就業中心」免費提供職業介紹服務。每間「就業中心」均設有專櫃為50歲或以上的求職人士提供服務。

假如「退休公務員」需要使用這項服務,可與就近的勞工處辦事處聯絡;亦可致電勞工處的熱線25911318或電郵:esd-enquiry@labour.gov.hk 查詢。

此外,「退休公務員」亦可以瀏覽勞工處的「互動就業服務網頁」,查詢有關資料。

首長級公務員(不論其聘用條款)以及按可享退休金條款退休的非首長級公務員,如在離職前休假期間及/或離開政府後的指定期間內從事外間工作,均須事先得到批准。詳情請參閱「公務員隊伍的管理」內「停止政府職務後從事外間工作一欄。」

在職及退休公務員的醫療及牙科福利

「在職公務員」及「退休公務員」均可以同樣享有下列各類醫療及牙科福利:

- 退休後居於本港,並且領取退休金或年積金,其家屬若居於香港,亦同樣享有資格
- 殉職公務員居於香港的家屬
- 若公務員於在職又或者於退休後身故,其居於香港並且根據「孤寡撫恤金計劃」又或者「尚存配偶及子女撫恤金計劃」而領取退休金的家屬(已故公務員的配偶如果再婚,則未能享有資格)。

「家屬」的定義是指「退休公務員」的「配偶」以及「年齡在21歲以下的未婚子女」。

如果是19歲或20歲的未婚子女，則必須根據下列情況才符合資格：

- 「正在接受全時間教育」

- 「正在接受全時間職業訓練」

- 「因身體衰弱」

- 「精神欠妥而須依賴該名退休公務員供養」

此外，如果當局根據《退休金條例》或《退休金利益條例》暫停支付「退休金」或「年積金」予有關之退休公務員，由於有關之人員在這段期間並非領取「退休金」或「年積金」，因此「其本人」以及「家屬」在該段期間，並不合資格享有醫療及牙科福利。

退休公務員租用政府度假設施

由1995年3月1日起，「退休公務員」亦可以在平日（公眾假期除外）租用大嶼山長沙和大埔大美督的政府度假屋設施。這項安排的目的，是為「退休公務員」提供額外的康樂設施。

退休公務員的團體

以下的退休公務員團體是開放給退休公務員參加：

- 香港政府華員會退休公務員分會

- 香港退休公務員會

- 香港前高級公務員協會

- 香港警務處退役同僚協會

- 香港消防退休人員互助會

- 香港海關退休人員協會

- 香港前入境處職員協會

- 懲教署退休人員協會

Chapter **06**
考政府工必讀資料

香港特別行政區政府組織圖

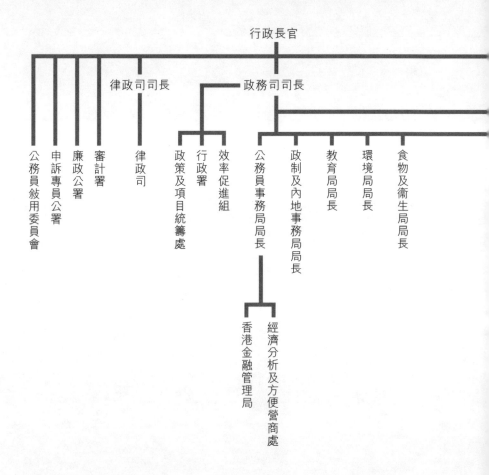

行政長官

律政司司長　政務司司長

公務員敍用委員會
申訴專員公署
廉政公署
審計署
律政司
政策及項目統籌處
行政署
效率促進組
公務員事務局局長
政制及內地事務局局長
教育局局長
環境局局長
食物及衛生局局長

香港金融管理局
經濟分析及方便營商處

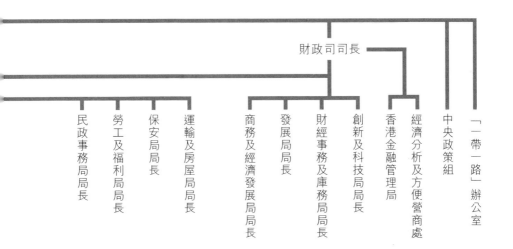

財政司司長

民政事務局局長

勞工及福利局局長

保安局局長

運輸及房屋局局長

商務及經濟發展局局長

發展局局長

財經事務及庫務局局長

創新及科技局局長

香港金融管理局

經濟分析及方便營商處

中央政策組

「一帶一路」辦公室

認識特區政府行政架構

政府行政架構：　13個決策、61個部門和機構

公務員人數、編制：截至2016年9月30

日，職位編制人數176,302

公務員組合：　約380個職系、約1,300個職級

約1,300名首長級人員

約24,000名文員書及秘書職系人員

僱用條款：　約95%人員按可享受退休福利條款受聘

人手流失率：　每年約3%

特區政府行政架構

行政長官

財政司司長

政務司司長

律政司司長

13個決策局

61個部門和其他提供服務的政府機構

約176,302名公務員

基本法

－香港是中華人民共和國成立的特別行政區

－根據基本法，除國防和外交事務外，香港享有高度自治。

－基本法保證此自治權維持五十年不變，並制矢由行政
長官和行政會議領導的管治體制、代議政制架構以及
獨立的司法機構。

1. 行政長官

- 香港特別行政區的首長,由選舉委員會根據基本法選舉,並經中央人民政府委任產生。
- 負責執行基本法、簽署法案和財政預算案、頒布法例、決定政府政策以及發布行政命令。
- 由行政會議協助制定政策

2. 政務司司長

- 監督及指導指定決策局工作
- 制訂政策和協調其實施
- 指定優先處理項目
- 擬定立法議程時間表
- 處理上訴和某些公共機構的運作

由政務司司長領導的9個（政務）決策局

— 公務員事務局

— 政制及內地事務局

— 教育局

— 環境局

— 食物及衛生局

— 民政事務局

— 勞工及福利局

— 保安局

— 運輸及房屋局

3. 財政司司長

— 總攬財金政策

— 督導財經、金融、經濟、貿易和就業範疇內政策的制訂和實施；

－向立法會提交政府的收支預算案及發表演辭，並動議
　通過撥款條例草案，使各項開支建議，在法律上生效。

由財政司司長領導的4個（財政）決策局

－商務及經濟發展局

－發展局

－財經事務及庫務局

－創新及科技局

4. 律政司司長

－主管律政司 ： 負責政府的法律事務，包括刑事檢控、
　草擬政府提出的法律，以及為政府提供意見等。

5. 公務員事務局

－負責部門：公務及司法人員薪俸及服務條件諮詢委員
　會聯合秘書處

公務員事務局

－管理公務員隊伍

6. 政制及內地事務局

－負責部門：選舉事務處、政府駐北京辦事處、香港經濟貿易辦事處（內地）

－主要政策範疇：香港的政制發展、香港與內地關係、人權及公開資料的政策

7. 教育局

－負責部門：大學教育資助委員會秘書處、學生資助辦事處

8. 環境局

－負責部門：

－主要政策範疇：環境保護、可持續發展及能源

9. 食物及衛生局

－負責部門：漁農自然護理署、衛生署、食物環境衛生署、政府化驗所

－主要政策範疇：食物安全、環境衛生、健康

10. 民政事務局

－負責部門：民政事務總署、政府新聞處、法律援助署、康樂及文化事務署

－主要政策範疇：地方行政、社區及青少年發展、大廈管理、法律援助、社會企業、藝術、文化、體育及康樂

11. 勞工及福利局

－負責部門：勞工處、社會福利署

－主要政策範疇：扶貧、勞工、人力、福利

12. 保安局

－負責部門：醫療輔助隊、民眾安全服務處、懲教署、海關、消防處、政府飛行服務隊、警務處、入境事務處

－主要政策範疇：內部保安及維持治安、緊急事故應變處理、出入境管制及跨境措施、消防及緊急救援服務、懲教服務、禁毒、對抗洗黑錢及打擊恐怖份子的財政

13. 運輸及房屋局

－負責部門：民航處、路政署、房屋署、海事處、運輸署

－主要政策範疇：航空、航運、陸路及水路交通、物流發展、房屋事務

14. 商務及經濟發展局

－負責部門：天文台、創新科技署、知識產權署、投資產權署、政府資訊科技署、通訊事務管理辦公室、郵政署，香港電台、工業貿易署、香港經濟貿易辦事處（海外）

－主要政策範疇：工商、電訊、科技、創意產業、廣播、旅遊、保障消費者權益及競爭政策

15. 發展局

－負責部門：建築署、屋宇署、土木工程拓展署、渠務署、機電工程署、地政總署、土地註署處、規劃署、水務署

－主要政策範疇：規劃、土地使用、屋宇、市區重建、建造和工程、與發展有關的文物保育事宜

16. 財經事務及庫務局

－負責部門：政府統計處、公司註冊處、政府物流服務署、政府產業署、稅務局、保險業監處、破產管理處、差餉物業估價署、庫務署

－主要政策範疇：財經事務、公共財政

行政會議的職權

按照基本法，行政會議是協助行政長官決策的機構。行政會議每周舉行一次會議，由行政長官主持。

行政長官在作出重要決策、向立法會提交法案、制定附屬法規和解散立法會前，須徵詢行政會議的意見。但在人事任免、紀律制裁和緊急情況下採取措施的事宜上，行政長官則無須徵詢行政會議。行政長官如不採納行政會議多數成員的意見，應將具體理由記錄在案。

行政會議成員均以個人身分提出意見，但行政會議所有決議均屬集體決議。

行政會議成員的任免

按照《基本法第五十五條》，香港特別行政區行政會議的成員由行政長官從行政機關的主要官員、立法會議員和社會人士中委任。現時行政會議成員包括問責制下委

任的16位主要官員及14位非官守議員。

行政會議的成員必須由在外國沒有居留權的香港特別行政區永久性居民中的中國公民擔任，其任免由行政長官決定。

行政會議成員的任期

行政會議成員任期應不超過委任他的行政長官的任期。

行政會議成員

主席	行政長官
官守議員	政務司司長
	財政司司長
	律政司司長
	運輸及房屋局局長
	民政事務局局長
	勞工及福利局局長
	財經事務及庫務局局長
	商務及經濟發展局局長
	政制及內地事務局局長
	保安局局長
	教育局局長
	公務員事務局局長
	食物及衞生局局長
	環境局局長
	發展局局長
非官守議員	14位

認識立法會

1. 立法機關的歷史

香港自1841年1月26日至1997年6月30日止是英國的殖民地，其首份憲法是由維多利亞女皇以《英皇制誥》形式頒布，名為《香港殖民地憲章》，並於1843年6月26日在總督府公布。該憲章批准成立立法局，並授權「在任的總督……在取得立法局的意見後制定及通過為維持香港的和平、秩序及良好管治　而不時需要的所有法律及條例。」於1888年頒布取代1843年憲章的《英皇制誥》，其文本於「的意見」之後加入「及同意」等重要字眼。

香港由1997年7月1日成為中華人民共和國的特別行政區。根據於同日生效的《中華人民共和國香港特別行政區基本法》（《基本法》），香港特別行政區享有立法權，而立法會是香港特別行政區的立法機關。

《基本法》第六十六至七十九條就立法會的成立、任期、職權，以及其他事項訂立規定。立法會的職權包括

制定、修改和廢除法律;審核及通過財政預算、稅收和
公共開支;以及對政府的工作提出質詢。此外,立法會
更獲得《基本法》賦予權力以同意終審法院法官和高等
法院首席法官的任免,並有權彈劾行政長官。

立法會在過去一個半世紀經歷了不少重大轉變,由作為
一個諮詢架構演變為一個具權責以制衡行政部門的立法
機關。以下是立法會自1997年的演變如下:

1997年

臨時立法會於1997年1月25日在深圳召開首次會議,選
舉臨時立法會主席。臨時立法會隨後繼續在深圳舉行會
議,直至1997年7月1日香港特別行政區成立後,改為在
香港舉行會議。

1998年

香港特區第一屆立法會選舉於1998年5月24日舉行。

《基本法》規定，第一屆立法會由60人組成，其中：

－分區直接選舉產生議員20人

－選舉委員會選舉產生議員10人

－功能團體選舉產生議員30人

－立法會主席由立法會議員互選產生

－任期由1998年7月1日，為期兩年。

2000年

香港特別行政區第二屆立法會選舉於2000年9月10日舉行。

《基本法》規定，第二屆立法會由60人組成，其中：

－分區直接選舉產生議員24人

－選舉委員會選舉產生議員6人

－功能團體選舉產生議員30人

－立法會的任期為期4年

－任期由2000年10月1日開始

2004年

香港特別行政區第三屆立法會選舉於2004年9月12日舉

行，共有60名立法會議員，其中：

－分區直接選舉產生議員30人

－功能團體選舉產生議員30人

－立法會的任期為期4年

－任期由2004年10月1日開始

2008年

香港特別行政區第四屆立法會選舉於2008年9月7日舉

行。共有60名立法會議員，其中：

－分區直接選舉產生議員30人

－功能團體選舉產生議員30人

－立法會的任期為期4年

－任期由2008年10月1日開始

2012年

香港特別行政區第五屆立法會選舉於2012年9月9日舉
行。現有70名立法會議員,其中:

－分區直接選舉產生議員35人

－功能團體選舉產生議員35人

－立法會的任期為期4年

－任期由2012年10月1日開始

2016年

香港特別行政區第六屆立法會選舉於2016年9月4日舉
行。投票選出70名立法會議員,其中:

－分區直接選舉產生議員35人

－功能團體選舉產生議員35人

－立法會的任期為期4年

－任期由2016年10月1日開始

立法會的職能

立法會的主要職能是制定、修改和廢除法律；審核及通過財政預算、稅收和公共開支；以及對政府的工作提出質詢。立法會亦獲授權同意終審法院法官和高等法院首席法官的任免，並有權彈劾行政長官。

2. 立法會的組成

第六屆立法會由70位議員組成，其中35位議員經分區直接選舉產生，其餘由功能團體選舉產生。第六屆立法會的任期由2016年至2020年。立法會主席由立法會議員互選一人出任。

3. 立法會選舉

有關立法會選舉的資料，請瀏覽香港特別行政區選舉管理委員會網頁。

4. 立法會的職權

根據《基本法》第七十三條，立法會負責行使下列職權：

根據《基本法》規定並依照法定程序制定、修改和廢除法律；

－根據政府的提案，審核、通過財政預算；

－批准稅收和公共開支；

－聽取行政長官的施政報告並進行辯論；

－對政府的工作提出質詢；

－就任何有關公共利益問題進行辯論；

－同意終審法院法官和高等法院首席法官的任免；

－接受香港居民申訴並作出處理；

如立法會全體議員的四分之一聯合動議，指控行政長官有嚴重違法或瀆職行為而不辭職，經立法會通過進行調查，立法會可委托終審法院首席法官負責組成獨立的調

查委員會，並擔任主席。調查委員會負責進行調查，並
向立法會提出報告。如該調查委員會認為有足夠證據構
成上述指控，立法會以全體議員三分之二多數通過，可
提出彈劾案，報請中央人民政府決定；及在行使上述各
項職權時。如有需要，可傳召有關人士出席作證和提供
證據。

5. 立法會的會議

立法會在會期內通常每星期三在立法會綜合大樓會議廳
舉行會議，處理立法會事務，包括：提交附屬法例及其
他文件；提交報告及發言；發表聲明、提出質詢、審議
法案，以及進行議案辯論。

行政長官亦會不時出席立法會的特別會議，向議員簡述
有關政策的事宜及解答 議員提出的質詢。立法會所有會

議均公開進行，讓市民旁聽。會議過程內容亦以中、英文逐字記錄，載於《立法會會議過程正式紀錄》內。

6. 委員會制度

立法會議員透過委員會制度，履行研究法案、審核及批准公共開支及監察政府施政等重要職能。立法會轄下有3個常設委員會，分別是：

1. 財務委員會；

2. 政府帳目委員會；及

3. 議員個人利益監察委員會。

而內務委員會在有需要時，會成立法案委員會，研究由立法會交付的法案。

此外，立法會轄下設有18個事務委員會，定期聽取政府官員的簡報，並監察政府執行政策及措施的成效。

7. 事務委員會及其下的小組委員會

為監察政府的施政，立法會設立18個事務委員會，就特定政策範圍有關的事項進行商議。在重要立法或財政建議正式提交立法會或財務委員會前，事務委員會亦會就該等建議提供意見，此外亦會研究由立法會或內務委員會交付事務委員會討論，或由事務委員會自行提出的，廣受公眾關注的重要事項。

第六屆立法會（2016至2020年事務委員會及其下的小組委員會）

1. 司法及法律事務委員會

2. 工商事務委員會

3. 政制事務委員會

4. 發展事務委員會

   －監察西九文化區計劃推行情況聯合小組委員會

5. 經濟發展事務委員會

6. 教育事務委員會

7. 環境事務委員會

   －垃圾收集及資源回收小組委員會

8. 財經事務委員會

9. 食物安全及環境衛生事務委員會

   －研究動物權益相關事宜小組委員會

   －研究公眾街市事宜小組委員會（在輪候名單上）

10. 衛生事務委員會

    －長期護理政策聯合小組委員會

11. 民政事務委員會

    －監察西九文化區計劃推行情況聯合小組委員會

12. 房屋事務委員會

    －跟進橫洲發展項目事宜小組委員會（在輪候名單上）

    －跟進本地不適切住屋問題及相關房屋政策事宜小
      組委員會（在輪候名單上）

13. 資訊科技及廣播事務委員會

14. 人力事務委員會

15. 公務員及資助機構員工事務委員會

16. 保安事務委員會

17. 交通事務委員會

    －鐵路事宜小組委員會

18. 福利事務委員會

    －長期護理政策聯合小組委員會

8. 申訴制度

立法會申訴制度是由立法會運作的制度。透過這制度，議員接受並處理市民對政府措施或政策不滿而提出的申訴。申訴制度亦處理市民就政府政策、法例及公眾所關注的其他事項提交的意見書。

每周有7位議員輪流當值，監察申訴制度的運作，並向處理申訴個案的立法會秘書處公共申訴辦事處職員作出指

示。同時，議員亦輪流於當值的一周內值勤，接見已預約的申訴人（包括個別人士及申訴團體），討論其申訴事項。

9. 立法會主席

根據《基本法》第71條，立法會主席由議員互選產生。梁君彥於2016年10月12日的立法會會議上，當選為第六屆立法會主席。

根據《基本法》第 72 條，立法會主席須主持立法會會議決定立法會會議議程及開會時間；在休會期間召開特別會議；應行政長官的要求召開緊急會議；以及行使立法會的《議事規則》所訂明的其他職權。

第六屆立法會

（任期由2016至2020年）（截至2018年8月31日）

主席	梁君彥	
議員	葉劉淑儀	香港島
	張國鈞	香港島
	郭偉強	香港島
	許智峯	香港島
	陳淑莊	香港島
	區諾軒	香港島
	柯創盛	九龍東
	黃國健	九龍東
	謝偉俊	九龍東
	胡志偉	九龍東
	譚文豪	九龍東
	蔣麗芸	九龍西
	梁美芬	九龍西
	黃碧雲	九龍西
	毛孟靜	九龍西
	鄭泳舜	九龍西
	葛珮帆	新界東
	陳克勤	新界東
	容海恩	新界東
	林卓廷	新界東

	范國威	新界東
	張超雄	新界東
	楊岳橋	新界東
	陳志全	新界東
	田北辰	新界西
	梁志祥	新界西
	陳恒鑌	新界西
	麥美娟	新界西
	尹兆堅	新界西
	何君堯	新界西
	鄭松泰	新界西
	郭家麒	新界西
	朱凱迪	新界西
	劉國勳	區議會（第一）
	李慧琼	區議會（第二）
	周浩鼎	區議會（第二）
	涂謹申	區議會（第二）
	鄺俊宇	區議會（第二）
	梁耀忠	區議會（第二）
	劉業強	鄉議局
	何俊賢	漁農界
	易志明	航運交通界
	葉建源	教育界
	郭榮鏗	法律界
	梁繼昌	會計界

	陳沛然	醫學界
	李國麟	衞生服務界
	盧偉國	工程界
	謝偉銓	建築、測量、都市規劃及園境界
	邵家臻	社會福利界
	姚思榮	旅遊界
	林健鋒	商界（第一）
	張華峰	金融服務界
	馬逢國	體育、演藝、文化及出版界
	鍾國斌	紡織及製衣界
	邵家輝	批發及零售界
	莫乃光	資訊科技界
	張宇人	飲食界
	陳健波	保險界
	潘兆平	勞工界
	何啟明	勞工界
	陸頌雄	勞工界
	石禮謙	地產及建造界
	廖長江	商界（第二）
	梁君彥	工業界（第一）
	吳永嘉	工業界（第二）
	陳振英	金融界
	黃定光	進出口界

立法會 Q&A

常見的面試提問及解決考生疑難問題如下：

1. 立法會是什麼機構？

答：根據《基本法》，香港特別行政區享有立法權，而立法會是香港特別行政區的立法機關。

2. 第六屆立法會共有多少位議員？他們是怎樣產生的？

答：第六屆立法會由70位議員組成，其中35位議員經分區直接選舉產生，其餘由功能團體選舉產生。第六屆立法會的任期由2016年至2020年。立法會主席由立法會議員互選一人出任。

3. 立法會的職責是什麼？

答：立法會的主要職能是制定法律；監管公共開支；以及監察政府工作。立法會亦獲授權同意終審法院法官和高等法院首席法官的任免，並有權彈劾行政長官。

4. 議員怎樣履行職責？

答：議員除出席立法會全體會議處理立法會事務外，亦透過立法會轄下18個事務委員會，監察政府施政。內務委員會在有需要時，會成立法案委員會，審議政府或議員所提交的法律草案。

5. 立法會如何審核及批准政府的財政預算案？

答：財政司司長每年會以撥款法案的形式，向立法會發表財政預算案，提出政府下一個財政年度的全年收入及開支建議，並動議就撥款法案進行二讀，使每年財政預算案中各項開支建議在法律上生效。撥款法案在立法會提出後，有關該法案的二讀辯論即告中止待續。立法會主席可先將財政預算案內已併入開支預算的開支建議，交由立法會轄下的財務委員會詳細審核。

財務委員會會舉行特別會議，詳細審核財政預算案的內

容，目的是確保所要求的撥款，不會超過執行核准政策
所需的款項。在特別會議後，財務委員會主席會向立法
會提交一份報告。在恢復二讀辯論撥款法案的會議上，
議員可就財政預算案發表意見。政府官員會在隨後舉行
的另一次立法會會議上就議員的致辭作出回應，而撥款
法案亦會於這次會議上進行餘下的二讀及三讀程序。

至於財政預算案內的收入建議，政府當局會以法案或附
屬法例的形式提交，供立法會審議。有關收入的法案亦
須像其他法案般經過所需的三讀程序。

6. 除財政預算案外，立法會還會審議政府其他的開支建
議嗎？

答：會。立法會設有一個財務委員會，負責審核及批准
政府提交的公共開支建議。財務委員會轄下設有人事編
制小組委員會及工務小組委員會，分別負責審核政府提

出有關增刪首長級職位、更改公務員職級架構，以及進行建造工程的建議。不過，這些撥款建議最終仍須由財務委員會審議通過。而財務委員會通常於星期五舉行會議。

7. 財務委員會包括什麼成員？

答：除立法會主席外，其餘六十九位議員均是財務委員會的成員。財務委員會的正、副主席，由委員會委員互選產生。

8. 立法會議員會討論《施政報告》的內容嗎？

答：會。在行政長官發表《施政報告》後，身為內務委員會主席的議員會在立法會會議上動議致謝議案，感謝行政長官發表《施政報告》。該會議一般會舉行三天，議員們會在致謝議案辯論中，提出對《施政報告》的意見，而政府官員亦會作出回應。

9. 除發表施政報告外，行政長官會出席立法會會議嗎？

答：會。行政長官大約一年出席四至五次答問大會，親自答覆議員的質詢。行政長官亦會定期出席立法會主席為行政長官、行政會議成員、政府高級官員及立法會議員而設的午宴，加強雙方的溝通。

看得喜 放不低

創出喜閱新思維

書名	政府文職投考全攻略
ISBN	978-988-78873-8-6
定價	HK$98
出版日期	2018年9月
作者	Mark Sir
責任編輯	投考公務員系列編輯部
版面設計	西爾侖
出版	文化會社有限公司
電郵	editor@culturecross.com
網址	www.culturecross.com
發行	香港聯合書刊物流有限公司
	地址：香港新界大埔汀麗路36號中華商務印刷大廈3樓
	電話：（852）2150 2100
	傳真：（852）2407 3062